中国文化四季

马新 主编

格物致知

中国传统科技

王玉喜 韩仲秋 著

山东大学出版社

山东省中华优秀传统文化传承发展工程重点项目
中华优秀传统文化传承书系

课题组负责人

马　新

课题组成员
（以姓氏笔画为序）

马丽娅	王文清	王玉喜	王红莲
王思萍	巩宝平	刘娅萍	齐廉允
李仲信	李沈阳	吴　欣	宋述林
陈树淑	陈新岗	张　森	金洪霞
赵建民	贾艳红	徐思民	郭　浩
郭海燕	董莉莉	韩仲秋	谭景玉

總序

中国传统文化是中国历史发展中物质文化与精神文化的结晶，也是人类文明史上唯一没有中断的独具特色的文化体系，是中国历史带给当今中国与世界的文化遗产。

早在遥远的旧石器时代，我们的先民为了生存，打制着各式各样的石器，也击打出最初的文化的火花。随着新石器时代的到来，以农业生产为前提的农业文明发生了，我们的先民筚路蓝缕，耕耘着文明的处女地，孕育着中国文化的萌芽，绚烂多姿的彩陶文化与精致绝伦的玉石文化是这一时代的文化地标，原始宗教与信仰、语言、审美及创世神话也纷纷出现。

进入文明的门槛后，先民们开始了艰辛的文化积淀。商周时代的礼乐文明与青铜文化代表了这一时代的杰出成就，甲骨文与金文则成为这一时代的文化符号。至春秋战国，中国文化史上的“寒武纪大爆发”开始了，无论是物质文化，还是精神文化，都进入一个创造和迸发的时代：这一时代，出现了“百家争鸣”，从孔子、老子、墨子到孙子、孟子、庄子等贤哲，无一不在纵横捭阖，挥斥方遒，发散出理性的光芒。这一时代，出现了《诗经》《楚辞》，还出现了《左传》与《国语》以及不可胜数的人文经典。这一时代，又是科学与技术的辉煌时代，铁器与牛耕技术的出现，奠定了此后2000多年中国农耕文明的基础；扁鹊的医术与《黄帝内经》的理论，成为中医药文化的基石；墨子、鲁班、甘德 、石申，启迪了我们的科学探索，民间无数的工匠们在纺织织造、建筑交通以及各种手工工艺上都进行了卓越的创造。春秋战国时代既是中国文化的启蒙时代，也是中国文化的奠基时代。

随着秦汉时代的到来，海内为一，中国文化进入凝炼时代，形成了大一统的文化特色。这一时代，不仅有了大规模的驰道、长城以及宫殿的兴建，还有了统一的度量衡与文字；这一时代，不仅牛耕技术继续向全国推进，还有了精耕细作技术，使其成为中国农耕文化的首要特征;这一时代，不仅有“独尊儒术”与经学的繁荣，也有汉大赋的飞扬与汉乐府的古朴；这一时代，商品贸易“周流天下”，工商政策与商业理论富有特色，全社会在衣、食、住、行方面的水平明显提高。生活的精致化与生活水平的不断提高，使得20世纪的权威史学家汤因比也动了想去中国汉代生活的念头。

魏晋南北朝与隋唐时代，是中国文化史上的交融与繁荣时代，周边游牧民族文化的涌入，西部世界的宗教文化及其他各种文化的东来，使这一时代形成了空前的中西文化碰撞与冲击。在此后到隋唐时代的融合发展中，实现了文化的大繁荣。道教虽产生于汉代，但其发展与传播则是在魏晋南北朝与隋唐时代；佛教也是在汉代传入，它的发展与繁荣同样是在魏晋南北朝与隋唐时代。这一时代，玄学与禅宗是思想史上的两大硕果，书法、绘画、雕塑以及音乐、舞蹈方面，更是群星闪耀，唐诗的地位在文学史上是无可替代的，唐三彩的艺术魅力同样穿越千古。这一时期的农耕文化、工商文化以及其他各文化形态也都取得了长足的发展，特别是中外文化交流之活跃、之丰富，使中国文化与外部世界的文化产生了有力互动，隋唐长安城是当时世界文明的中心所在。

宋元明清时代是中国文化的扩展时代。随着文明的进步与文化手段的变化，随着市民社会的兴起与社会结构的变化，面向民间、面向市民与普通民众的文化形态迅速扩展。宋明理学的主旨是给民众套上牢牢的精神枷锁，但是与汉代经学相比，它也是儒学民间化的一种体现。从宋词到元曲，从“三言二拍”到话本小说，再到戏剧的兴起和四大文学名著的问世，无不体现着这一特色。这一时代，既有明末清初试图开启民智的三大启蒙思想家，又有直接面向社会生产与社会生活的《天工开物》《本草纲目》以及《农政全书》。这一时代，中国文化在积淀着中国文明丰厚底蕴的同时，也在准备着自己的转身，准备着与新文化的拥抱。

从中国文化的发展可以看出，其历史之悠久、内容之丰富、价值之巨大，可谓蔚为大观，令人叹服。在新的历史时期，把握与了解这些渐行渐远的文化宝藏，并将其传承给青年一代，是摆在我们面前的世纪难题。

自 20 世纪 80 年代以来，学术界与文化界一直在孜孜不倦地去破解与完成这一难题，为此付出了艰辛的努力，推出了一批又一批面向青少年群体的“中国传统文化”类读物或教材，可谓琳琅满目，数目繁多。毋庸置疑，文化学者们的这些努力，对于研究与普及中国传统文化发挥了重要作用。但是，若作为当今面向青少年群体的普及性著作还有若干不适应之处。比如，有的著作篇幅过大，往往动辄四五十万字甚至上百万字；有的著作理论性偏强，在理论性与知识性的结合上还不够；还有的著作对有关知识点的叙述不够均衡，轻重不一。更为重要的是，随着社会主义核心价值体系建设的推进，尤其是习近平总书记所提出的对中国传统文化的“四个讲清楚”，对中国传统文化的研究和普及提出了更高的要求。为此，我们组织了 10 余所高校的相关研究人员，共同编写了这套适合当代青少年阅读的中国传统文化读物——《中国文化四季》，旨在为青少年提供一套富有时代特色的中国传统文化专题知识图书。

在编写过程中，我们深刻地感受到中国传统文化源远流长、博大精深，是中国文明 5000 年进程的辉煌结晶——既有筚路蓝缕的春耕，又有勤勤恳恳的夏耘；既有金色灿然的秋获，又有条理升华的冬藏。所以，我们以“中国文化四季”

作为总领，旨在体现5000年文明进展中最具代表性的精华篇章。在专题确定与内容安排上，也着重体现中国文化在春耕、夏耘、秋获、冬藏各个演进环节上的标志性成就。整套丛书由16册组成，包括：

《精耕细作：中国传统农耕文化》

《货殖列传：中国传统商贸文化》

《大匠良造：中国传统匠作文化》

《巧夺天工：中国传统工艺文化》

《衣冠楚楚：中国传统服饰文化》

《五味杂陈：中国传统饮食文化》

《雕梁画栋：中国传统建筑文化》

《周流天下：中国传统交通文化》

《人文荟萃：中国传统文学》

《神逸妙能：中国传统艺术》

《南腔北调：中国传统戏曲》

《兼容并包：中国传统信仰》

《天人之际：中国传统思想》

《格物致知：中国传统科技》

《传道授业：中国传统教育》

《止戈为武：中国传统兵学》

我们希望通过各专题的介绍，使读者既可以有选择地了解中国传统文化的有关知识，又可以全面地把握传统文化的基本构成。

为适应青少年的阅读需求，我们吸取了以往此类图书的优点，尽量避免其缺陷与不足。在全书的内容设计上，打破了传统的章节子目式的编排方式，每章之下设置专题，以分类叙述各门类知识；在写作时，尽量避免以往一些读物的“高深”与“生冷”现象，以叙述性文字为主，做到通俗、易懂、生动；另外，各册都精心配备了一些与各章内容相对应的中国传统文化图片等，做到了图文并茂。

需要说明的是，这套丛书作为“中华优秀传统文化传承书系”被纳入山东省“中华优秀传统文化传承发展工程”重点项目，得到中共山东省委宣传部和有关专家的大力支持与指导 。为不负重托，我和 20 余位中青年学者共同合作，以对中国传统文化的挚爱为基点，精心施工，孜孜不倦，以打造一套中国传统文化的精品作为出发点和最终目的。全书首先由我提出编写主旨、编写体例与专题划分；各专题作者拟出编写大纲后，我对各册大纲进行修订、调整，把握各专题相关内容的平衡与交叉，以更好地体现中国传统文化的四季风情；然后交给各专题作者分头撰写初稿；初稿提交后，由我统一审稿、统稿、定稿，并补充与调整书内插图。这套丛书若能蒙读者朋友错爱，起到应有的作用，功在各位作者；若有缺失与不足之处，我当然不辞其咎。

我们由衷地希望通过全体作者的努力，使本书不再只是枯燥乏味的知识叙述，而是青少年真正的学习伙伴，让中国优秀传统文化能够浸润到每一个青少年的心灵深处。

马 新

2017 年 3 月于山大高阁书斋

目錄

第五章　从生产经验中诞生的物理学

第六章　传统工艺与化学知识

第七章　成就斐然的水利科技

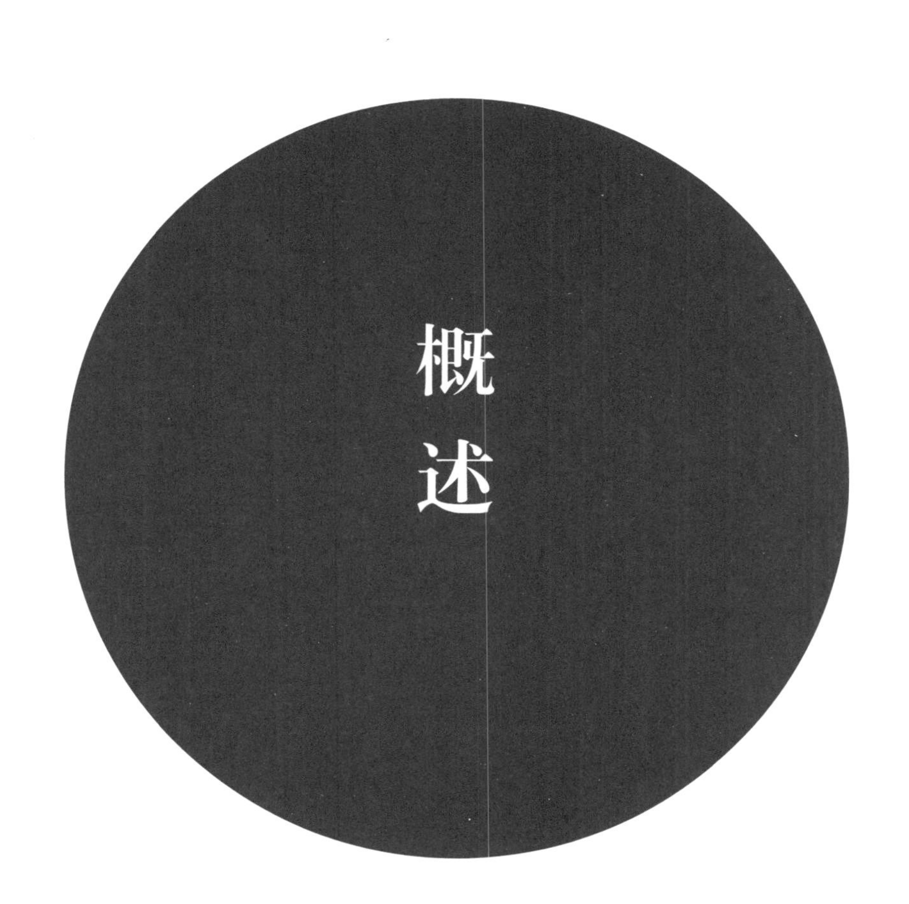

概述

古代中国同古代埃及、古代巴比伦及古代印度一样，也是举世闻名的四大文明古国之一。同其他三个古代文明所不同的是，古代中国不仅有悠久的历史和灿烂的文化，而且由于所使用文字的统一性（汉字），中国文明成了唯一没有中断的古老文明。更为重要的是，从远古时代到近代自然科学诞生以前，中国文明的发展趋势总体上是在不断前进的。中国古人创造了悠久而繁荣的传统文化，而作为中国传统文化的重要组成部分，中国传统科技文化不仅推动了古代中国社会的发展，而且为世界文明的进步做出了重要的贡献。究其原因，无外乎科技文化是最能够与生产力的发展相结合的一门学问。“科学技术是第一生产力”，这在任何社会、任何文明中都不例外。古代中国文明之所以璀璨夺目，很重要的一个因素恐怕就是中国传统科技文化的先进与发达。

近代自然科学的兴起滥觞于天文学领域的革命。由此我们不难设想，中国传统科技文化中诞生最早的一个领域很可能也是天文学。考古资料表明，中国是世界上天文学研究起步最早的国家之一。在中国古代，历朝历代都极其重视天文历法，并且把制订历法、观象授时作为重要的政典之一。作为中国古代科学技术史的重要组成部分，天文学的发展归根结底离不开天文学家的努力和相关天象观测机构的设立。而且，古代中国的天文学不是一门单纯的科学，它还具有很强的实用性——除了与农业生产密切相关外，在中国古人的思想观念中，天文星象还与朝代兴衰有着某种神秘的联系。鉴于天文学具有如此重要的性质，因此从遥远的史前时代起中国人就极为重视天文学家的培养和天文机构的设置。在中国古代，天文学家与天文机构都被统称为“天官”。正是因为有了一代代的天官，才使得中国古代的天象观测事业长期居于世界领先地位。例如，哈雷彗星是第一颗运动周期被人类所掌握的彗星，而目前发现的关于哈雷彗星的最早的文字记录出自中国古代的文献，这比西方人早了600多年。此外，在西方近代天文仪器发明以前，中国的天文仪器一直领先于世界。

与天文学密切相关的是历法和数学。中国的历法与二十四节气紧密相连，

与农业生产息息相关。直到今天，从2000多年前的《夏小正》发展而来的阴历仍在中国等东亚国家有普遍的应用。除了历法，中国古代的数学家们在以算法为代表的数学研究方面也长期处于世界领先地位。例如，古代中国在世界范围内首先使用了十进制记数法，从汉代的《九章算术》至元代的《四元玉鉴》不断涌现出创新的方程解法，南北朝的祖冲之在前人的基础上在世界上首次将圆周率精确地计算到了小数点后第7位，等等。

古代中国的医药在世界医学史和药学史上也极具特色。以阴阳五行学说、系统学说等中国古代自然哲学为基础，中国传统医学（下文简称"中医"）形成了一套独特的"辨证施治"理论，该理论是把人放在天地与社会中去考察，充满了整体观念。早在春秋时期，中医就形成了分科诊疗的临床医学体系，中医的望、闻、问、切四步诊疗法也长期在世界上处于先进地位。不同于医学，古代中国的药物学以大自然中的各种物质（中国古人称之为"本草"）为基础，运用物质的相生相克原理而辨证下药。中国明代名医李时珍写就的《本草纲目》一书至今仍在世界药学界具有重要的影响。此外，中国的少数民族也发展出了一些独具特色的医学体系，如"藏医""蒙医"和"苗医"等。中国传统医学还尤其重视人的保健和养生，这种理念即便放在今天的世界上来看都是相当先进的。

古代中国的地理学特别注重行政疆域的沿革和演变。从《禹贡》开始，中国的区域划分和疆域沿革等地理知识就在不断地发展。历代地理志、地方志的规范化反映了古代中国疆域地理学的发达。中国传统社会有大量的地方志流传到了今天，这是我们研究各地地理及人情风俗的重要原始资料。此外，中国传统地理学还特别重视对以实践考察为基础的游记的总结，其中最著名的是明代的《徐霞客游记》，该书不仅订正了一些过去传讹的地理知识，而且还做出了诸多新的地理发现，如对喀斯特地貌的记录和总结等，这在世界地理学研究史上也是罕见的。地图学也是中国传统地理学的重要研究内容之一，清代康熙年间

组织了全国范围内的地理大勘测并成功绘制了《皇舆全览图》，这是中国传统地图学的发展高峰。

物理学在古代中国虽然没有成为一门独立的学科，但中国古人在物理学方面取得的伟大成就却得到了全世界的认可。在近代以前，中国古人在物理学各方面的探索要远比同时期的西方世界先进，古代中国在力学、声学、光学、电学、磁学以及热学等领域都取得了令世人刮目相看的成就。古代中国的物理学研究大致有以下三个特点：第一，中国古代研究物理学的学者大多是百科全书式的人物，而不是某一领域的专家；第二，中国古代的物理学研究大多是对自然现象的观察记录和对生产生活经验的总结，缺乏理性的数学逻辑推导；第三，中国古代的物理学虽然是经验的、定性的研究，但中国古人对物理学的探索却从未间断。中国古人在研究物理学时的聪明智慧之处在于，他们往往能够抓住事物的本质。例如，早在春秋后期，墨家就已经对杠杆、滑轮及斜面等力学知识进行了卓有成效的认识与总结，还在光学方面取得了骄人的成就（例如对“小孔成像”这一现象的实验验证和理论总结）。中国传统物理学主要立足于中国传统农业和手工业的实践经验，并在此基础上取得了辉煌的成就。

与物理学一样，化学在古代中国也没有形成一个专门的学科。不过，古代中国虽然没有现代意义上的化学，但并不代表古人不具备化学知识。以现在的眼光来看，中国传统化学应归入应用化学或实用化学一类。中国古人在实际应用中接触、认识、总结了大量化学知识，这些知识极大地促进了中国传统手工业的发展，使得中国古人在陶瓷、冶金、炼丹术、酿造以及印染等方面取得了很大的成就。较之同时代的西方社会，中国古人在生产生活实践中对化学知识的总结和应用是遥遥领先的。随着不同文明间交流范围的扩大，古代中国先进的化学知识也逐步传播到了西方，并对西方社会产生了深远的影响，其中最突出的一个例子就是火药的传播。包括化学知识在内的中国传统科技文化知识不仅深刻地影响了中国传统社会的发展，而且还影响了世界的发展进程。

水利科技文化是中国传统科技文化的又一个重要组成部分。同世界上另外三个文明古国（古代埃及、古代巴比伦和古代印度）一样，古代中国社会也是在大江大河的冲击平原上发展起来的。中国传统水利科技文化在世界水利史上拥有举足轻重的地位，古代中国在水利灌溉技术和工程方面取得过举世瞩目的成就，如郑国渠、都江堰等，这些灌溉工程极大地促进了古代中国农业的发展。中国古人治理淤积性大河的经验也在世界治水史上留下了浓墨重彩的一笔。例如，在近代大型工程机械和混凝土诞生以前，古代中国为堵塞黄河决口而应用的"埽工"技术一直是世界上最有效的堵口技术。中国传统的人工运河修筑技术在世界上也长期居于领先地位。中国古人不但修筑了像京杭大运河那样闻名世界的工程，而且还在运河上开创性地运用了潮闸、复闸等具有现代船闸功能的技术。

值得注意的是，中国的传统科技文化不仅包括汉族的科技文化，而且还包括其他少数民族的科技文化。在很长的一段历史时期内，中国的传统科技文化在大部分领域都保持着世界领先的地位。随着中外文化交流的发展，中国的传统科技文化也通过陆上丝绸之路和海上丝绸之路传播到了世界各地，为世界文明的发展做出了重要的贡献，其中最有力的证明就是"四大发明"在世界上的传播。当然，随着中外文化交流的不断深入，中国的传统科技文化也在积极地吸收世界其他国家的先进科技文化成果。总的来看，中国的传统科技文化具有创新性、开放性和包容性，这些都是中国传统科技文化的优点。但是，中国传统科技文化的缺陷也很明显，如过分重视对经验的总结，缺乏理性逻辑和数学推理方法等。更为严重的是，中国传统社会一直将科学技术视为"方技"一类的旁门左道，中国古人总体上对科学技术所持的态度是相当轻视和漠视的。这些不利因素都是中国传统科技文化在近代没能得到进一步发展的重要原因。

近代以来，以自然科学为主导的西方科技文化开始强势崛起和发展，中国的传统科技文化则日趋没落。鸦片战争之后，用先进的科技手段武装起来的西

方国家打开了中国的大门，在此后100多年的时间里，中国人民进行了艰苦的斗争，终于在中国共产党的领导下建立了中华人民共和国。从那时起，中华民族就开始了实现民族复兴的伟大征程。目前，中国人民正在为实现“四个现代化”而努力奋斗。在这一历史进程中，我们固然离不开对西方先进科技文化的吸收，但从另一个方面来看，要走一条属于中国人自己的科技创新之路，还需要我们对中国传统科技文化予以批判性的继承和创造性的转化，从而树立民族自信心和自豪感。从这个意义上来讲，《格物致知——中国传统科技》一书的编写可谓正当其时。

第一章 独具特色的天文历法

中华文明历史悠久，中国传统文化博大精深，在世界文明发展史上占有重要的地位。在长期的生产生活中，中华民族勤劳勇敢的祖先们创造了独具一格、别具特色的中华古文明。在中国古代文明史中，天文学占有非常重要的地位，也是中国古人知识体系的重要组成部分，它对中国古人的生产、生活和社会运转有着重要的指导作用。“绝地天通”之后，天文星象观测逐渐成了一门专门的学问，为此，古代中国设立了专门的机构负责掌管有关天文方面的事务，并任命了专门的人才负责天文观测、天象记录和历法修订等。随着中国古代社会的发展，中国古代的天文学也在逐步发展完善，并为后世留下了大量的天文观测记录。古代中国天文观测记录之系统完整、观察之细致准确，为世所罕见，令世人叹为观止，也在世界天文学发展史上留下了浓墨重彩的一笔。

中国古代的天象观测事业长期领先于世界，例如对交食、新星、超新星、彗星、流星、太阳黑子等天文现象的观测，以及对它们的出现年代和数量的记录等，很多都是中国古人最先做到的。其中，哈雷彗星是第一颗其运动周期被人类所掌握的彗星，而目前发现的关于哈雷彗星的最早的文字记录出自中国古代的文献，这比西方人早了600多年；同样，“彗尾总是背向着太阳”这一现象也是中国古人首次观测到的。另据史料记载，到1785年为止，中国古人总共观测记录了925次日食和574次月食。这些记录是中国古代天文学的重要成就，是中国古人智慧的结晶，也是世界天文学发展史上的宝贵财富。在长期的天文观测与探索中，中国古人还逐步掌握了日、月、星的运行规律，并在此基础上坚持进行了长期的星图绘制事业，最终形成了具有中国特色的二十八星宿理论。

随着中国古代的天象观测事业不断完善，与之有紧密联系的中国古代历法也在不断更新并日益精确。中国古代历法的发展史可以分为先秦两汉时的形成期、魏晋南北朝时的发展期、隋唐时的成熟期、宋元及之后的完善和精细化时期。

“工欲善其事，必先利其器。”天象观测和历法的完善离不开精密的天文仪器。中国古代最重要的天文观测仪器是圭表、浑仪和浑象。古代中国天文仪器的发展分两个阶段：唐代以前各种天文仪器基本上是单独发展的，到了唐代以后开始出现综合的倾向，诞生了许多集计时、演示天体运行等功能于一身的仪器。

中国古代的天文学家人才辈出，不胜枚举，甘德、石申、司马迁、张衡、僧一行、郭守敬等人是其中的杰出代表。他们发挥各自的聪明才智，极大地推动了其所在时代天文事业的发展，并在世界天文学发展史上做出了独有的贡献。

中国古代的天体理论中，影响较大的有盖天说、宣夜说和浑天说，其中影响最大的是浑天说。这些学说都有其独特的时代价值、历史价值和学术意义，展示了中国古人对日月星辰的认识和理解，是当时人们知识体系的重要组成部分，在古代中国文明的发展过程中发挥了很大的作用，并产生了巨大的影响。

一、天象观测与记录

在远古时代的中国，人们就已经开始对天象进行观测。考古人员在距今6500多年的仰韶文化遗址中发现过类似于“四象”的“蚌塑龙虎图”；在先秦典籍《诗经》《尚书》《左传》中，有许多有关“观象授时”的记载。这些证据说明，在远古时代的中国天文观测就已经与人们的生产生活紧密结合起来了。

《尚书·夏书·胤征》中就有关于日食的记录，虽然学术界对其具体发生的年代仍然众说纷纭，但已经可以确定是在公元前2000年左右，这在时间上是远远超前于世界其他文明的。河南安阳出土的甲骨上有关于“交食”的记录[①]，这些记载发生的时间大约在公元前1000年；《逸周书》中关于月食的记载差不多也发生在相同的年代。更晚一些的是《诗经》中对日食的记录，发生在公元前734年。这几次天象记录在世界天文观测史上是遥遥领先于世界其他文明的。除了在天象观测和记录时间上领先世界以外，古代中国天象观测记录的数量之大、持续时间之长也为世所罕见。《左传》上记载了公元前720年之后发生的37次日食；自汉初以后，历代史书中都对“交食”进行了系统的记录。到1785年为止，古代中国的天象观测记录中总共记载了925次日食和574次月食。这些日食和月

① 参见陈遵妫：《中国古代天文学的成就》，中华全国科学技术普及协会1955年版，第10页。

食在被记录之前都经过了慎重的拣选，所以是相当准确的。如此丰富和准确的古代天文记录为现代天文学家提供了丰富的古代资料，对现代天文学家研究古代的天文历法是非常有帮助的。

除了“交食”以外，中国古籍中还有关于其他天象的丰富记录，如新星和超新星。我们知道，天空中的星体并不是亘古不变的，有时候会出现一些新的星星，有时候一些已知的星星也会消失。有时候，人们在遥望星空时可能会惊奇地发现一颗从来没有见到过的明亮星星，这就是所谓的“新星”，它是由恒星爆发形成的。如果爆发特别猛烈，星星就特别亮，称为“超新星”。古代中国关于新星的记录最早也是出现在殷墟甲骨上，时间是在公元前 1300 年左右，这也是到目前为止世界上发现的有关新星的最早的记录。13 世纪末，宋元之交的史学家马端临将汉初以来出现的不寻常的星列成了清单，虽然他将新星和彗星混淆在了一起，但是这些记录包括星的出现时间、持续时间、天际位置、亮度和颜色等，是非常详细的。从记录的数量、详细程度和准确度上来说，马端临的记录超过了同时代世界其他地区的记录水平，而且这些记录直到今天仍然被天文学家所重视。除了新星，对超新星的观测记录古代中国也是领先世界的。由于银河系每隔 100 ～ 200 年才会出现一次产生超新星的星体大爆发，因此，世界古代关于超新星的记录只有 3 次。其中，发现于 1054 年的第三次超新星爆发只有中国古人有记录，这颗超新星现在已经演化成了明亮而又散乱无定形的蟹状星云。如果没有中国古人对这颗超新星的记录，我们今天就没有办法得知它的来龙去脉了。

在对彗星的观测记录方面，古代中国的记录是世界上最完整的——公元 1500 年以前出现的 40 颗彗星的近似轨道几乎都是依据中国的天象观测记录推算出来的。中国古籍中有关彗星的最早的记录出现在公元前 613 年。[①] 到了汉代，

① 《春秋》记载：“鲁文公十四年秋七月，有星孛于北斗。”鲁文公十四年即公元前613年。

中国的天文学家们将 8 种不同形态的彗星的外观描绘在了帛书上（见图 1–1）。[①]这是中国古代有关彗星形态的最早且最全的记录。与前文所讲的“交食”和“新星”相似，古代中国在彗星方面的记录也是丰富而细致的，对彗星的记录总数不少于 500 次。中国古代关于彗星的记录大部分都被马端临编入了《文献通考》一书中，这些资料对现代天文学研究有重大的参考价值。除此之外，中国古人在世界上第一次对哈雷彗星进行了记录，这比西方人早了 600 多年。同时，也是中国古人首次观测到了“彗尾总是背向着太阳”这一现象。中国古代对流星雨的记录也非常完备，《左传》中就有对公元前 687 年发生的一次流星雨的记录。中国古代有关流星雨的记录也大都被马端临收集到了《文献通考》中，再加上地方志等资料中的相关记录（这类资料数量更加庞大），中国古籍中有关流星雨的记录总数已不下 400 条。

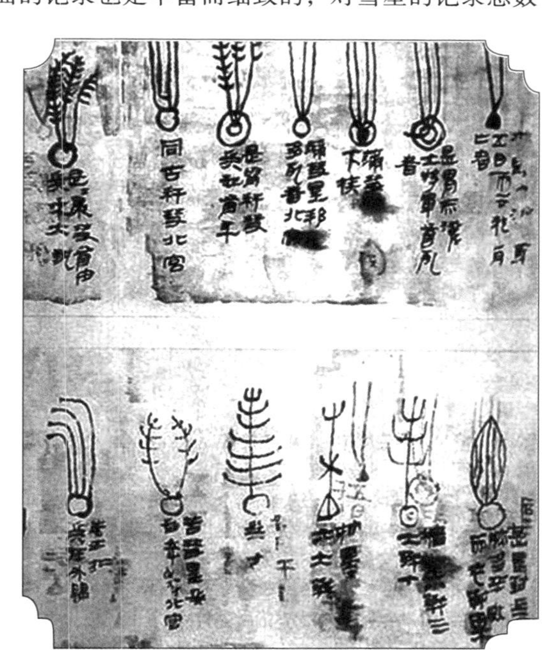

图 1–1　汉代帛书上 8 种不同形态的彗星图
（湖南长沙马王堆汉墓出土）

欧洲人对太阳黑子最早的观测发生在 807 年，这与中国古人对太阳黑子的观测记录相比就要晚太多了，而且欧洲人对太阳黑子的观测总的来说是非常零散的。中国古代的太阳黑子观测记录不仅在时间上远远早于西方，在系统性上

① 参见宣焕灿编：《天文学史》，高等教育出版社 1992 年版，第 60 页。

也相当完整。中国古代对太阳黑子的观测记录是从公元前 28 年开始的，比西方早了 800 多年。到 1638 年为止，单单在中国的“二十四史”中有关太阳黑子的记录就多达 112 次，在地方志、文集笔记以及其他典籍中的记录就更多了；不仅如此，中国古人对太阳黑子的记录都非常详细精密，而且他们对太阳黑子周期的计算和形状的描述与现代天文学的研究推算结果也是符合的。

二、星宿理论与星图绘制

二十八星宿　中国先民在对各种天象进行大量观测和记录的基础上形成了独特的星宿理论，即所谓“二十八星宿”。二十八星宿分东方苍龙、北方玄武、西方白虎、南方朱雀四组，每组各七宿，每宿又包含若干颗恒星。从甲骨文的记载中我们可以看出，二十八星宿这一理论体系自商代中期就开始逐渐发展。从其他一些先秦典籍的记载中，我们也可以看到这一体系一步步发展起来的历程：公元前 8～9 世纪的《诗经》中已经出现了二十八星宿中的 8 个星宿；《尚书·尧典》又提到了 4 个，而且已经开始系统地利用“四仲中星”来确定四季和太阳在“二分日”和“二至日”中与其他恒星的位置关系；《夏小正》在公元前 4 世纪中叶的天象记录中涉及 6 个星宿；《月令》在公元前 600 年左右的天象记录中则提到了 23 个之多。我们有理由相信，二十八星宿这一理论体系的完备应该不会晚于春秋晚期，也就是公元前 700 年左右。在《淮南子》《尔雅》等西汉典籍中，二十八星宿的称谓已经齐全了，而且此后也变动甚微。对二十八星宿进行定量研究最早应该开始于春秋战国之际，并由此发展下去形成了“二十八宿古距度”。公元前 4 世纪左右，石申和甘德对二十八星宿重新进行了度量和整理，形成了“石氏—甘氏系统”。汉武帝在修订太初历时对石氏的度量系统进行了认证，并确立了石氏度量系统最佳的地位。

有不少人认为，古代中国、古代印度和古代阿拉伯的星宿理论有某种联系，

因此可能有共同的起源。到目前为止，我们仍然没有充分的证据能够证明这一点;相反，已经发现的证据却表明中国星宿体系的发展历史具有非常强的独立性。另外，与古希腊、古埃及以及近代欧洲的天文学相比，我们会发现中国古代的星宿理论是非常独特的：古人在没有天文望远镜的情况下，只能依靠自己的肉眼进行观测和记录，这就导致了一个问题，即在白天观测时，由于太阳光太强，把其他恒星的光芒遮盖起来了，从而使得人们不易确定太阳与其他恒星的位置关系。古埃及人和古希腊人采用"偕日法"来解决这个问题。简单来说,"偕日法"就是观测黄道附近的恒星在日出和日落瞬间的出没情况。与此相对，中国古人却选择了"冲日法"，即通过观测永远不升不没的极星和拱极星来确定其他恒星的位置。这在天文学上是两种迥然不同的观测方法，这足以证明中国的二十八星宿体系是中国先民独立思考和创造的产物。

星图绘制 由于很早就掌握了大量恒星的位置，因此中国古代的星图绘制事业开展得很早——大约在3世纪就开始了，而且一直持续不断，直到清代。早在汉代，中国就已经出现了一种被称为"盖图"的星图，这是伴随着盖天说而出现的一种仪器。张衡的作品《灵宪》中也包含有关于星图的内容，可惜今天我们已经看不到了。目前流传下来的中国古代最早的星图是敦煌星图（见图1–2）[①]，该星图产生于940年左右，在所有文明古国现存的星图中是最古老的，在当时的世界上可以说是绝无仅有的，其对我们研究那一段时期的天文星象具有不可替代的价值。五代十国时期的吴越国王室有在墓葬中绘制天文图的传统，目前已发掘的该时期的墓葬中的天文图中绘有关于二十八星宿的内容，恒星位置和绘制的方式已经相当科学客观，这也填补了从敦煌星图到宋代星图之间的空白。中国宋代的天文学家苏颂所著的《新仪象法要》中包含五幅星图[②]，其中

① 参见苏湛：《看得见的中国科技史》，中华书局2012年版，第174页。

② 参见陈美东：《中国科学技术史·天文学卷》，科学出版社2003年版，第483页。

前三幅构成了全天星图，后两幅则构成了另外一组。苏颂所绘的星图与敦煌星图类似，但远比敦煌星图精细，体现为星图中圈、线的规范化和星宿位置的定量化，五幅星图的组合更是具有连贯性和系统性的特点。与苏颂星图差不多同时代的是流传至今的苏州石刻星图（见图 1–3）[①]，这星图刻于南宋理宗淳祐七年（1247 年），是目前世界上最古老的石刻星图，它是根据宋代元丰年间的观测结果刻出来的。到了明代，传统星图开始大量出现，该种星图是以三垣二十八宿星官体系为描绘主体的星图，流传到今天的有 20 多幅。[②] 通过观察这些流传下来的星图我们发现，它们在绘制时所依据的主要是宋元时代测量出来的数据，但有些星图中也出现了之前星图里从未出现过的新星官。另外需要注意的是，中国古人在绘制星图时已经开始广泛使用赤道坐标，即“赤经”“赤纬”，这一点与近代天文学是相一致的。因此，中国古代的星图具有非常高的科学性和正确性。

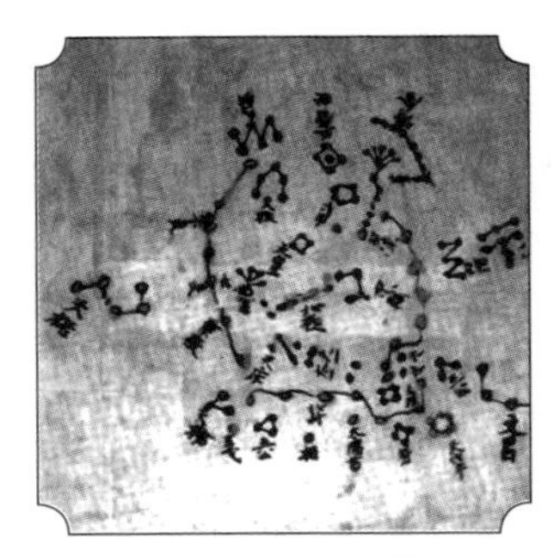

图 1–2　敦煌星图

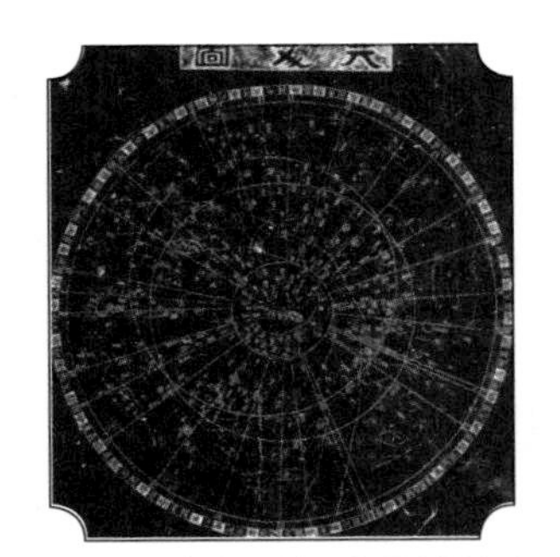

图 1–3　南宋石刻天文图（局部）

① 参见苏湛：《看得见的中国科技史》，第 209 页。
② 参见陈遵妫：《中国古代天文学的成就》，第 17 页。

三、观象授时与历法

观察天象、确定时令以指导农业生产活动是中国古已有之的传统。黄帝时代就已经专门设立了观察大火星的“火正”一职来履行这一使命。《尚书·尧典》中记载了“四仲中星”的观测方法，说明中国的先民们已经从单纯地观察大火星发展到了观察鸟、火、虚、昴四个星宿的程度。《夏小正》的星象标志更加丰富，用到的恒星及星座有8个之多。商代人开始使用阴阳合历，虽然仍以新月的出现为月首，闰月的设置也没有规律可言（是通过随机的观测确定的），但是较之前简单的“观象授时”而言已经是非常巨大的进步了。西周的历法仍然是阴阳合历，但是在确定月首、闰月方面有了很大的改进。例如，人们将“既生霸”“既望”“既死霸”等特定的月相作为记时不可缺少的标志；改进了确定冬至或夏至的方法，在确定闰月的时候不再像商代那样随意；在确定月首的时候实现了由有形的月象到无形的理论概念的转变。另外，西周时期与天文历法相关的官制也日益完善了起来，形成了一个专业的职官系统。到春秋时期，中国历法中已经开始出现比较准确的朔望月长度值，在闰月的设置上也开始有了“建子”和“建丑”的设定，比之前的历法更加准确了。到了分裂的战国时代，各个诸侯国所用的历法也各不相同，其中较有代表性且保存比较完整的是月令历法。这种历法改变了西周和春秋时代的阴阳合历传统，继承了《夏小正》的太阳历。它将一年分为12个月，以立春等12个节气为月首，给出了月初和月中的星象标志以准确地确定一个月的月初和月中，并且给出了一个月之中的90多种物候现象，是一种将得到了充分发展后的天象与物候相结合的历法。根据史书记载，在战国时代各诸侯国使用的还有虞历、黄帝历、颛顼历、夏历、殷历、周历和鲁历等多种不同的历法，这些历法也都在不同程度上发展了以往的历法。

在中国古代影响较大的历法主要有以下几种：

颛顼历　秦灭六国之后，建立起了大一统的专制帝国。秦王朝所用历法为战国时代所用历法之一的颛顼历，该历以 365 又 1/4 日为一回归年，29 又 499/940 日为一朔望月，19 年设 7 闰，是一种四分历。从此，历代新王朝在建立时都要对历法进行变更，以昭示其改易天命的历史创举。

太初历　颛顼历一直用到了汉代，直到汉武帝年间才被太初历所代替。太初历一回归年的长度为 365 又 385/1539 日，应用“先籍半日”的阳历方法推求朔月日，且仍然使用 19 年 7 闰法。与颛顼历相比，太初历要更准确一些。西汉末年，随着太初历在应用过程中暴露出的问题越来越多，刘歆在重新实测和研究的基础上对其进行了改造，形成了所谓的“三统历”。三统历的精确度比太初历更高,但在当时并未得到应用;直到东汉时期,改革太初历一事才又被提上了议程。

四分历与乾象历　公元 85 年，东汉王朝废止太初历，并颁行了由编䜣、李梵等人献上的四分历。与太初历相比,四分历对冬至日点的位置重新进行了实测,在精度上有所改进,但仍然没有达到三统历的精确程度,这不能不说是一种倒退。公元 102 年，霍融又提出了“夏历漏刻法”，该法正确地把握了漏刻长度的变化与太阳去极度的联系，这一方法也被用到了对东汉新四分历的修订中，算是对四分历的一点补救。但是，随着四分历的弊病暴露得越来越多，在 187 ～ 189 年间，朝廷终于采纳了刘洪创制的乾象历，并以之取代了四分历。在乾象历中，刘洪提出了新的、更加务实简便的历元思想，给出了新的、准确度更高的回归年与朔望月长度，提供了更加准确的近点月长度，这些改进都是非常有进步意义的。

先秦两汉时期是中国历法的形成时期，在这个时期内，中国古代的历法实现了由观象授时到成文历法的巨大转变。随着大一统王朝的建立，人们对历法精度的需求日渐增强，历法也渐渐变得精确起来。

元嘉历　三国两晋南北朝时期是中国古代历法的重要发展期。在这一时期，朝代更替比较迅速，新的王朝为了证明自己改易天命，都会在建国伊始颁布新

的历法，所以这一时期的历法也是花样繁多，层出不穷，如：魏明帝在 237 年推出了杨伟的景初历，取代了已不合时宜的四分历；姜岌在 384 年编制了三纪甲子元历并将其献给了后秦朝廷；北凉的赵畋在 452 年编制了玄始历，其交点年长度取 346 又 249/400 日，精确度较之前的历法都有所提高。最终，东晋的何承天在 443 年编成了元嘉历，该历综合了之前景初历、三纪甲子元历和玄始历的优点，其朔望月长度值、近点月长度等和以前的历法相比在精确度上都有了大幅度的提高。

大明历与正光历　公元 462 年，祖冲之向南朝刘宋朝廷献上了自己编制的大明历，这部历法是建立在对之前众多历法的研究基础之上的，祖冲之在这部历法中提出了很多新思想、新方法、新数据。不过，直到 510 年，梁武帝才在其子的坚持下将这一历法改名为“甲子元历”并颁布推广，此时距离祖冲之献历都已经过去将近半个世纪了。公元 548 年，南梁朝廷又出现了大同历，但是该历法在颁布不久就发生了“侯景之乱”，因此并没有被真正施行过。在北方的北魏、东魏则推行张龙祥和李业兴编制的正光历以及李业兴自己编制的兴和历。正光历诞生于北魏时期，兴和历则诞生于东魏时期。需要指出的是，正光历是我国最先引入“七十二候”的历法。

开皇历与大业历　公元 589 年，隋文帝统一天下，结束了长达 270 多年的分裂局面，中国进入了“隋唐盛世”阶段。在这一时期，由于统一的中央政府的大力推动，大量优秀的天文学家纷纷涌现，中国历法进入了历史大发展时期，并开始走向成熟。在隋文帝统一全国之前的 584 年，张宾等人即献上开皇历以示天命的转移。开皇历虽然在回归年长度和金星会合周期上比其他历法精确，但其他方面的数据都属于一般水平，而且在理论和方法上守旧落伍。609 年，张胄玄又修成了大业历并由朝廷颁布。大业历的回归年长度为 365 又 10363/42640 日，优于开皇历，而且它采用赤道岁差，对唐宋历法也产生了一定的影响。另外，大业历针对月亮运动、五星运动、交食研究都提出了自己独创的特点，相比开皇历而言已经算是很成功的历法了。

麟德历与大衍历　公元618年，唐高祖李渊建立唐朝。随着新王朝的建立，重新修订历法的要求也被提上了日程。619年，傅仁均等人受命制作了戊寅历，这部历法是在借鉴甲子元历和大业历的基础上对其进行发展和扩充编成的。戊寅历一反之前历法用平朔法的定规而改用定朔法，虽然后来定朔法又被改为平朔法，但戊寅历的特点和贡献是不容忽视的。后来，唐代杰出的天文学家李淳风（602～670年）编制了乙巳元历和麟德历。乙巳元历的一个重要的进步之处是所有的天文数据均采用共同的分母，这样有利于各个天文数据之间的运算。在麟德历中，李淳风删繁就简，取消了只有形式意义的章、蔀、元、纪法，他还提出了进朔法以弥补定朔法的不足，并首创了严格的每日日中晷影长度计算法；麟德历还吸收了皇极历和大业历的五星动态表，并进行了修正。除了新修历法以外，大唐王朝也引进了域外的历法，这显示出了一个开放王朝的气象。唐玄宗曾诏令古印度人瞿昙悉达将古印度的历法翻译到中国，并将其命名为“九执历”，在此过程中，这部受到古希腊天文学影响的古印度历法也将相关的几何学、代数学方法传入了中国。709年，南宫说编制了景龙历，该历法中间的近点月和交点月的长度值为历代历法中最精确的。727年，僧一行编成了大衍历，这部历法中的九服晷长、漏刻、时差等都是在全国范围内进行测算的，具有非常重大的意义。此外，大衍历的编制方法与前代相比有了较大的提升，是中国独特的历法体系成熟的标志。763～783年，唐朝前后改用了至德历、五纪历和正元历，这三种历法都是以大衍历为基础，其水平介于大衍历与麟德历之间。

符天历　公元780～783年，民间术士曹士蔿编制了符天历并流传民间。这部历法的特点是改变了当时上元积年法和以冬至为岁首的成规，改用近距历元法和以雨水为岁首。另外，更重要的是这部历法使用了新的日躔表，并且在日躔差经文中向后人提供了一种算式，使得传统的表格加二次差内插的算法公式化了，从而变得更加新颖、简明，便于计算。

宣明历与崇玄历　公元821年，徐昂编制了宣明历。在这部历法中，徐昂

提供了新的日食时差、气差、刻差和加差计算方法，重新描述了五星的运动，给出了较大衍历还要准确的黄赤交角数值。唐昭宗时，边冈修成了新的历法——崇玄历，这部历法最大的亮点是提供了新的简便计算方法，而且新方法得出的结果与之前繁复算法得出的结果并无差异。边冈还继承了符天历中的二次函数算法，并且将这种算法应用到了更广泛的领域中。同时，他还创用了三次、四次函数算法，这些创新都对后世的历法产生了巨大的影响。

钦天历 公元959年，王朴创制了钦天历。在这部历法中，王朴对月离表进行了改革，最终使得计算变得更加简便。另外，他对崇玄历中的二次函数算法进行了更广泛的运用，使得高次函数算法成为了历法中重要的数学方法之一。

明天历和统天历 宋元时期是中国历法发展史上较为辉煌的一段时期。如果说隋唐时期是中国历法的成熟时期，那么宋元时期就是中国历法的精密化和完善化时期。在北宋朝的前60年间，由于前代的历法成就突出，故此时中国的历法处于原地踏步状态，推行的应天历、乾元历和仪天历都没有突破隋唐五代的水平，直到崇天历出现时才终于有所突破，而且表现出了强劲的赶超势头。这一势头在1065年达到了顶峰：这一年，周琮创制了明天历。在编制明天历的过程中，周琮吸取了隋唐五代以来的一大重要成果——公式—表格化，即以某个特定的算式为基础编算出一份数据表格，在计算相应的最值时用该数据表格通过简便的“一次差内插法”求取。这一方法在之前的历法编制过程中已有应用，但周琮在编制明天历的过程中却把它应用到了几乎所有的天文测算中，可以说是达到了一个顶峰。在这一顶峰之后，南宋又出现了观天历和占天历，但这些都只是对前人的继承，少有创新。姚舜辅的纪元历虽然在数据表格、天文数据测量和计算方法上有一些改进和创新，但总的来看还是对隋唐五代以来诸多历法的一次大总结。杨忠辅是继北宋姚舜辅之后南宋最有作为的天文学家，他编制的统天历也是继纪元历之后最有名的历法，而且是南宋第一部建立在系统精密的天文测量基础上的历法，在历史上影响巨大。综观两宋的历法，我们可以

看到其历法变换之频繁、历法数量之庞大均为前代所不能及，这也促成了这一时期历法的大发展。

授时历　1279年，应元世祖的诏令，王询、郭守敬等人开始修订授时历。[①] 这部历法给出了由实测产生的气应、闰应、转应、交应、周应、合应和历应七个应值，其中不乏精确的结果。另外，在创制授时历的过程中，郭守敬提出了“四海测验”的思想，即在全国范围内进行天文观测，从而使授时历能够在全国范围内都适用。王询、郭守敬等人还对二十八星宿的赤道距度进行了再测量，得出的数据在历史上是最精确的。同时，他们废除了积弊已久的上元积年法、日法和进朔法，表现出了巨大的勇气和改革精神。在编制授时历的过程中，王询、郭守敬等人继承了前人的二次函数计算方法，开创性地运用几何学的方法对天文数据进行了计算。尤其值得一提的是，授时历确定一年的时间为365.2425日，和现在世界通用的格里历完全一致。这些都是授时历所取得的伟大成就。至此，中国古典天文学也发展到了顶峰。

四、天体结构的三大理论

中国古人在大量的天象观测、记录和研究的基础上形成了非常丰富的天体结构理论，其中以盖天说、宣夜说和浑天说这三种理论的影响最为巨大。

盖天说　盖天说认为，天就像盖子一样罩在地面上，所以天是圆的而地是方的。这一学说至少可以追溯到西周时期，也有人说它是伏羲氏创造的，总之，盖天说在我国有非常悠久的历史。汉武帝时代的《周髀算经》中首次正式提出并建立了盖天说。在该学说看来，天每天自东向西运转，而日月星辰都附在天上跟着它转动，同时日月又在进行自发的相反运动，只是速度慢于天的运转，

① 参见杜石然主编：《中国科学技术史·通史卷》，科学出版社2003年版，第598～599页。

这就解释了日月每天东升西落的现象(见图1–4)。[1]到了东汉，虞耸兄弟继承并完善了这一学说，创造了穹天说。他们认为，天之中充满了元气，而大地和地上的水为天提供源源不断的补充，所以天是永远都不可能坠下来的。这一学说吸收了浑天说的理论，解释了天一直能够保持稳定的原因，为盖天说提供了理论支撑。在5～6世纪，崔灵恩和信都芳等人一直在为调和盖天、浑天两种学说而努力。但是，由于盖天说太过简单，而且其自身存在非常不科学的地方，所以在后来的历史演变中就渐渐消亡了。

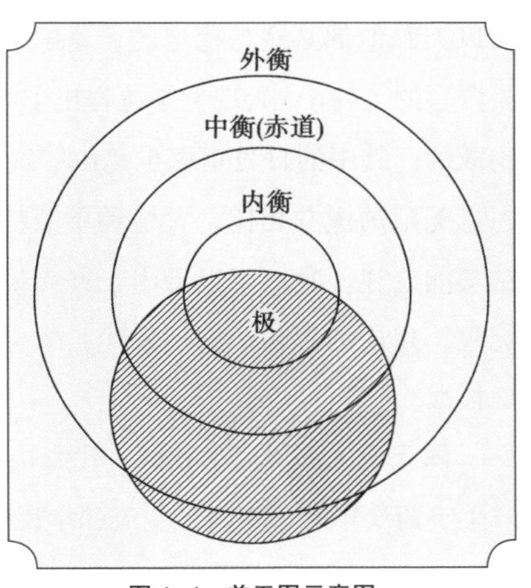

图1–4　盖天图示意图

宣夜说　东汉早期产生了宣夜说，代表人物为郗萌、黄宪。郗萌提出，天是无形、无质、无体的，高远无极，人无法用肉眼了解天的形态；日月星辰都漂浮在天的虚空之中，而非依附于任何其他的天体。该学说一反盖天说和浑天说对天地的猜测论调，与现代天文学说有异曲同工的地方，具有进步的意义。后来，黄宪也提出了相似的观点，他认为天是无限的，日月星辰的活动范围只限于天的一小部分，所以实际上天并不运动，运动的只是其中的日月星辰而已。黄宪的观点是对郗萌学说的补充，其解释了日月星辰与天的运动关系。三国时代的杨泉用火堆来比喻天地的关系：天是火堆散发出来的烟，而地是火堆的余烬。他进一步认为，天是在不断运动的，这一基本论调与以往的宣夜说不同，却类似张衡的浑天说，这种综合的倾向是一种进步的表现。公元281～356年，虞喜提出了安天说以支持宣夜说。虞喜认为，天是高远难测的，地是深厚难测的，

① 参见陈美东：《中国科学技术史·天文学卷》，第135页。

所以天和地都必然是稳定的，这解释了宣夜说中有关天地稳定的问题。在魏晋人撰写的《列子·天瑞》中也提出了对天地的猜测，这种猜测认为：天是由“气”构成的，其中的日月星辰也是由“气”构成的；在天地周围包裹着无限的空虚，与这无限的虚空相比，大地和星辰都是极其渺小的。这可以说是对宣夜说非常精彩的论述。我们可以看出，宣夜说的理论受到了道家“虚无”和释家“时空无限”理论的影响。到了宋代，朱熹又进一步为宣夜说提供了“天无体”的哲学根据。①

浑天说 浑天说是我国古代影响最大、最主流的一种天体结构学说。浑天说产生于西汉年间，当时最主流的学说还是盖天说，在这样的背景下，落下闳、鲜于妄、耿寿昌提出了浑天说以反驳盖天说，用于证明浑天说的浑天仪也应运而生。

到了东汉时期，张衡对浑天说进行了全面、经典的论述。他提出：天是圆球状的，有南北两极；天像鸡蛋一样包裹着地，北极在地上，可以被人看到，南极在地下，不能被人看到；因为天在不断地运动着，所以日月星辰都附着在天球上面做周而复始的圆周运动，这在地上的人看来就是日月星辰的起落升降。在天地稳定性的问题上，张衡认为地是浮在水面上的，天地之间充满了水，水起着承载地的作用。同时，他还认为天地之间充满了“气”，“气”起到了维持天地平衡的作用，使它们不至于坠落。另外，张衡还认为，天空中的日月星辰之所以运行的速度有快有慢是因为它们与地面的距离不同。张衡对浑天说的这一阐述成功地解释了很多当时的问题，是浑天说的巨大发展。从此，浑天说以它强大的解释能力而逐渐占据了中国古代天文学说的主流。

三国两晋时代崇尚清谈，对天地宇宙的讨论成了当时学者们研究的中心问题之一。在这样的时代背景下，浑天说这一本来就有强大解释力的学说在众多学者的补充与论证之下越来越完善。东吴的陆绩为了证明浑天说，用儒家（儒

① 参见陈遵妫：《中国古代天文学简史》，上海人民出版社 1955 年版，第 169 ～ 171 页。

家学说是当时社会主流的政治伦理学说）经典《尚书》和《周易》的内容与其相印证，促进了浑天说在社会上的传播。与陆绩同时代的王蕃利则用浑天说对历史天文数据和天象进行了修订和详细的解说。在这之前，历史上的一些天文现象从未得到过充分的解释或者解释有误，用浑天说对它们进行重新解释大大提高了浑天说的地位。不过，陆绩和王蕃的论述都忽略了浑天说中天地稳定性的问题。为此,东吴的姚信提出了昕天说来应对这个问题。姚信提出,地分为“上地”和“下地”两部分，两者由一根极细的支撑物相连，“下地”是无限广阔深厚的，所以可以承载“上地”，而人则生活在“上地”的中央。这其实是借用宣夜说的理论来填补浑天说的不足。生活在曹魏与西晋时期的刘智也支持浑天说，但是他不认同张衡“天地之间以水来维持平衡”的说法。他认为天包裹着地，而天地之间是充满了“气”的，地是依靠着“气”的承载而悬浮于天之内。这一理论大胆地改变了张衡对浑天说的经典解释，是浑天说完善进程中浓墨重彩的一笔。

到了东晋时期，姜岌对浑天说进行了进一步的完善。他依据浑天说提出了相应的天地结构和运动模型，这一模型解释了一年中太阳距地平线高度、日出日落方位和昼夜长短的变化，使得浑天说更加完善，可以对更多的天文现象作出解释。在这些天文学家的不懈努力下，浑天说最终成为了古代中国天文学中的主流学说。[①]

五、构思精巧的天文仪器

“工欲善其事，必先利其器。”要观测天象，自然离不开设计精巧、功能强大的天文观测仪器。中国古代最著名的天文仪器当属圭表、浑仪和浑象。

---

① 参见陈遵妫：《中国古代天文学简史》，第 173 ～ 175 页。

圭表　圭表是中国发明的最古老的一种用来度量日影长度的天文仪器。最原始的圭表就是一根直立在地上的杆子，叫作“土圭”。早在公元前 7 世纪中国就开始使用土圭了（在公元前 654 年的中国古籍中，就有关于观测“二至日”的记录）。战国时期的文献《考工记》中也提到过土圭。白天，人们可以通过测量它投影的长度以确定冬至日和夏至日；晚上，人们可以用它测量恒星的上中天以确定恒星年的周期。关于土圭的长度，除了《淮南子》中说是一丈（约合 3 米），生活在魏晋南北朝时期的虞邝用过九尺长的以外，古代一般的说法是长八尺（约合 26 厘米）。测量影长自然需要用到尺，而标准的、专门用来测量日影长度的尺的长度一般为一尺三寸有余（约合 43 厘米）（见图 1–5）。公元 500 年，祖暅之制成了一种青铜仪器，把土圭和水平量尺结合在了一起。

图 1–5　东汉铜圭表

浑仪　浑仪是一种由若干环圈组成的用于测量天体位置的器具。[①] 浑仪可以测量天体位置的数据，为浑天说提供测量数据方面的支持。历史上，浑仪最早的制作者是西汉时期支持浑天说的落下闳。今天我们已经无从得知落下闳所制浑仪的形态和样貌，但据推测可知，最早的浑仪至少有赤道圈和赤经圈，用于测量天体的去极度和入宿度。不幸的是，在两汉交替的混乱时期，原有的浑仪被损毁，东汉新制造的浑仪丢失了黄道环，这一缺失使得

① 参见陈遵妫：《中国古代天文学简史》，第 129 ～ 132 页；刘金沂、赵澄秋：《中国古代天文学史略》，河北科学技术出版社 1990 年版，第 53 ～ 57 页。

当时的天文测量数据混乱不堪。最终，东汉章帝时期的傅安受诏制作了黄道仪，并将其添加到了缺少黄道环的浑仪之上，此后，才不见了由于浑仪没有黄道环而导致的观测数据混乱。

在魏晋南北朝时期，浑仪的基本制式得以传承，这一时期浑仪的特点是坚固耐用，使用时间长。前赵的孔挺按照最基本的制式制造了一台浑仪，其尺寸很大，而且坚固实用，前前后后使用了200多年，在浑仪的历史上占有非常重要的地位。与它相似的是北魏斛兰所造的铁制浑仪，这台浑仪使用了250多年，足见其坚固耐用。

进入隋唐时期，随着中国天文学的快速发展、朝廷的日益重视和天文学家的大量涌现，浑仪的设计和制造也进入了一个新的历史发展时期。在这一时期，浑仪的形制得到了不断的改进，步入了成熟阶段。唐代的李淳风制造了黄道浑仪，他在前人的基础上增加了白道环，还把赤道环和黄道环结合并相交成一定角度，在赤道环上刻了二十八星宿的距度值，这样当赤道环与天上赤道二十八星宿的位置对准时，黄道环与黄道也就基本对准了。此外，他还将白道环与黄道环交叉安装并按一定角度相交，以适应黄白交点每经过一交点月退行一度余的事实。李淳风的改造使得浑仪的制作臻于完善。后来，僧一行和梁令瓒在李淳风黄道浑仪的基础上制造了黄道游仪，黄道游仪的外重有三个环圈，并改用天顶单环代替赤道环，从而形成了三个彼此正交的环，使浑仪的环圈结构更加均衡。同时，他们还让黄道环定时在赤道环上移动，并在赤道环上刻画百刻，以量度时间。僧一行和梁令瓒制造的黄道游仪为后世新浑仪的制造和改进提供了基本的制式。到了两宋时期，我国的各项科技高速发展，天文学家们也在不断地对浑仪进行改进，意在让浑仪更加科学合理，并提高其测量的准确度。与僧一行所制的黄道游仪相比，北宋时期的韩显符制造的至道浑仪删减了白道环和赤道环内壁的孔穴，使浑仪的操作更加灵活、简便、实用，而且其尺寸较僧一行的浑仪更大。韩显符的至道浑仪是北宋立国以后制造的第一台大型浑仪。宋仁宗皇祐年间，

舒易简、于渊、周琮等人也在黄道游仪的基础上制造了皇祐浑仪，其改进的地方包括：将前代浑仪置于地平环上的用于测量时间的百刻分划移到了固定的赤道环上，这一设计已经与现代的赤道式仪器相似；加强了浑仪实际工作部分处于水平状态时的保障措施；增强了极轴突出于地面部分的精确度。后来，沈括在《浑仪议》一文中提出了13条造成之前的浑仪测量不准确或设计不合理的地方，并在对这些不合理之处进行修正的基础上重新设计制造了熙宁浑仪。熙宁浑仪运转灵活、测距开阔、准确合理，而且提高了测量的准确度。

浑象 浑象是一种演示天体运动的仪器[①]，最早的浑象是西汉时期的耿寿昌制造的，但我们今天已经无法了解其具体的形制和功能了。到了东汉时期，大天文学家张衡在前人的基础上制造了水运浑象。水运浑象呈圆球状，上面画有相交成一定角度的黄道和赤道，黄道上标有二十四节气的名称，还画有分别表明恒星“常见不隐”和“常伏不见”的内、外两规，以及满天的星宫。日、月、五星并不画在球面上，而是画在另设的圆环上。除此之外，张衡还用水流做动力以使该仪器与天体的周日做同步运转。可以说，水运浑象就是张衡根据其浑天说理论创造的演示仪器，其以水为动力的基本构型也为后世提供了典范。在此之后，东吴的浑天说支持者们也纷纷制造浑象来演示自己的学说。其中，陆绩、王藩的浑象基本上是延续和仿制了张衡水运浑象的形制，但葛衡改造了王藩的浑象，把地置于天球中央，更加真实地演示了浑天说的原貌，是对张衡制式的巨大突破。东吴之后的钱乐之、陶弘景、耿询、郭守敬等人也造过浑象，但基本上都是对前人的效仿。

唐代以后，浑象的发展表现出了综合的倾向，即开始出现集多种功能于一身的天体演示仪器。唐玄宗时，僧一行制作了“水运浑天俯视图”，与之前的浑象相比，其创新之处是在木柜上设置了两个木人，木人前置钟鼓。每过去一刻钟，

① 参见刘金沂、赵澄秋：《中国古代天文学史略》，第61～65页。

木人就会击鼓；每过去一个时辰，木人就会敲钟。这种仪器实际上是集天体运行演示与报时的功能于一身，为后世复合天文仪器的产生奠定了基础。北宋太平兴国年间，张思训向朝廷献上了“天平浑天仰视图”，该仪器在外观上像一座4米见方的木结构楼阁，里面隐藏着复杂的机械结构。它集计时、报时和演示星象、日月五星的运行于一身，以漏斗中流出的水银为驱动力，在中国古代的天文仪器发展史上占有非常重要的地位。北宋元祐年间，以苏颂为首的一批天文学家制造了元祐浑天仪，现称“水运仪象台”[①]，苏湛先生的《看得见的中国科技史》一书中绘有其结构图（见图1–6）。它集浑仪、浑象、圭表、计时、报时于一身，是中国古人对天文仪器进行进一步综合的产物。元祐浑天仪台高约12米，宽约7米，外观呈一上窄下宽的正方形木质建筑。它也是世界上最早的天文钟，在世界天文仪器发展史上也占有非常重要的地位。之后，苏颂又制造了假天仪和玑衡。假天仪为一圆球，表面用纸绢裱糊，画有日月星宿，观测者可以进入圆球中，随着圆球的转动，观测者可以看到不同时节的天文景象。假天仪凸显了我国古代天文仪器制作的水平之高，其构思之巧妙为世间所罕有。玑衡其实是水运浑象的一种，但是它在前人的基础上增加了每天正午12点报时的“龙珠报时”机制，是对前人创制的一大发展。

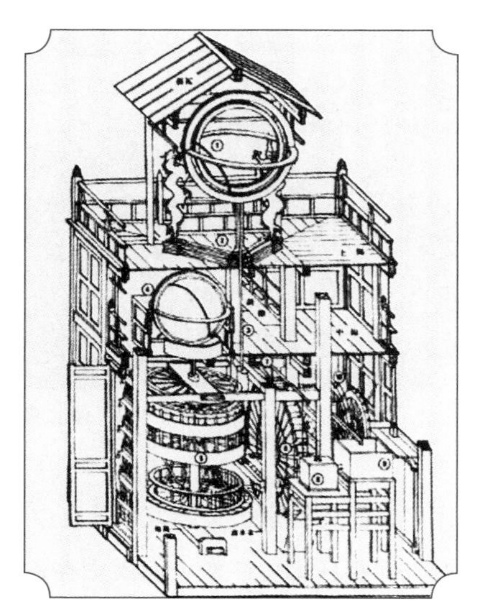

图1–6　水运仪象台结构图

① 参见陈美东：《中国科学技术史·天文学卷》，第479页。

六、享誉世界的天文学家

中国古代的天文学成就辉煌灿烂，这离不开一辈辈天文学家的努力。本节将简要介绍几位中国古代杰出的天文学家。

甘德与石申 甘德是战国时期楚国人，但其主要在齐国活动，著有《天文星占》8卷，又著有《岁星经》一书。石申是战国时期魏国人，主要在其祖国魏国活动，著有《天文》8卷。这二人的主要活动年代为公元前3～4世纪的战国时代，因他们二人的名声不相上下，故后人多将“甘石”并称。如今，他们的著作都已经散失，我们只能从《史记·天官书》《汉书·天文志》等史籍和《开元占经》中了解他们的学说。甘、石二人对中国古代天文学的贡献主要集中在对日月五星和恒星的观测上，并在此基础上各自建立了二十八星宿（见图1-7）[①]的体系，这在中国古代天文学史上的地位是非常高的。

图1-7 二十八星宿漆木箱（湖北随县曾侯乙战国墓出土）

司马迁 （前145～约前87年），字子长，夏阳人。我国古代伟大的史学家、文学家，著有中国第一部纪传体通史《史记》。司马迁自述其祖先即担任太史一职，而太史在古代也担负天文观测的职责，因此，司马迁在天文学方面是有着深厚的家学渊源的。司马迁是汉武帝时期更改朝廷历法的发起者之一，而且随即受皇帝的委任为朝廷制订新历法进行天文观测，并出色地

① 图片采自苏湛：《看得见的中国科技史》，第76页。

完成了这一任务。虽然司马迁建议的历法并没有被朝廷所颁用，但却对太初历的形成起了非常积极的推动作用，而且司马迁的一些天文学主张是非常科学合理的，这些主张也推动了我国古代天文学的发展。司马迁在《天官书》中吸收和归纳了之前石氏、甘氏和巫咸氏三家的星官学说，提出了自成一体、独具特色的星官系统。另外，司马迁在天象观测中记录的很多天文现象都被证实是真实可靠的，这对后来和现代的天文学家而言是一笔宝贵的知识财富。

图 1–8　张衡像

张衡（78 ～ 139 年），字平子，南阳郡西鄂人(见图 1–8)。张衡是中国古代杰出的科学家，在天文学、地震学、数学、机械力学和文学艺术等领域都取得了巨大的成就。张衡在天文学方面的成就首先体现在他对浑天说的经典性总结上，经他总结后的浑天说能更好地解释恒星的东升西没、太阳在一年中的方位等问题，这标志着浑天说进入了一个新的发展阶段，为浑天说在后来成为中国古代天文学的主流学说打下了坚实的基础。为了演示和证明自己的浑天说，张衡制造了水运浑象，在准确度和机械结构复杂性上远远超出了前代，也是后代机械天文钟的始祖，对后世产生了深远的影响。

图 1–9　僧一行像

僧一行（683 ～ 727 年），俗名张遂，魏州昌乐人，唐代著名的天文学家（见图 1–9）。721 年，僧一行受唐玄宗的诏令改造新历法，并用余生完成了这一任务，制作了大

衍历。他在大衍历中改进了交食的推算方法，还改革了五星位置的推算法。尤其重要的是，他发明的九服晷长、漏刻、时差计算法等手段方法解决了以往历法中普遍存在的问题,具有非常重要的意义。另外，僧一行还改造了黄道浑仪，制成了黄道游仪和水运浑天俯视图。黄道游仪避免了之前黄道浑仪赤道遮掩天体的缺陷，水运浑天俯视图则是集演示日月星辰的位置、测时、报时等功能于一身的复合型天文仪器，是古代中国天文仪器发展史上的一个巨大进步。

图 1–10　郭守敬像

郭守敬（1231 ～ 1316 年），字若思，顺德邢台人，是元代著名的天文学家（见图 1–10）。1276年,元世祖欲修订新的历法,在王恂的推荐下，郭守敬参与了这一工程，并在工程中负责制造天文仪器和天文观测工作。在郭守敬与其他天文学家的通力合作之下，终于按时编制完成了授时历并将其颁布实施。郭守敬一生中制造的天文仪器多达 22 件，其中简仪克服了传统浑仪因环圈繁多而遮掩天体星宿和运转不灵活的问题，推动了浑仪的发展。

七、发现哈雷彗星

发现哈雷彗星是中国古人对世界天文学的重大贡献之一。哈雷彗星是每 76.1 年环绕太阳一周的周期彗星，因英国物理学家埃德蒙·哈雷首先测定其轨道数据并成功预言了其回归时间而得名。哈雷在 1682 年对哈雷彗星进行了观测，

并且推定这就是1531年阿皮亚尼斯所看到的那颗彗星，同时也是1607年开普勒所看到的那颗彗星；他还预言这颗彗星将于1758年重新回到地球附近，后来它果然如期返回。哈雷彗星是第一颗其运动周期被人类所掌握的彗星，所以在天文学上的价值极高，被认为是对天文学影响最大的一颗彗星。中国古人对哈雷彗星的记录对今人研究哈雷彗星有重大的意义，有很多西方天文学家认为，有关公元1400年前哈雷彗星飞临地球的资料主要就是中国古人的记录，这种说法是有根据的。

在中国古代典籍中，已经确认的对哈雷彗星最早的观测记录发生在公元前240年，这也是世界范围内对哈雷彗星的最早的观测记录。[①]这一记录使得哈雷彗星被观测到的年代大大提前了。不仅如此，这一记录还为人们研究哈雷彗星的历史回归和飞行轨道提供了早期资料，是非常可贵的。此外，从公元前240年中国古人第一次记录到哈雷彗星到西方人发明望远镜并赶超中国的观测水平之间的时间里，中国古人对哈雷彗星进行了持续的观测和记录，而且都是依靠肉眼进行的，其中除了少数几次不是特别理想外，其他都是非常详尽的。尤其是公元前12年之后对哈雷彗星的记录[②]，其中大多包含了哈雷彗星出现的日期、位置、运行方向、路线、形态大小、彗尾长度、亮度、颜色、速度、确切时刻等详细信息，在精细程度上达到了令人叹为观止的地步，同时期西方的记录是远远不能与之相提并论的。这些记录对今人进行计算哈雷彗星的运行轨道、拿哈雷彗星的实际运行轨道与计算结果进行对照等工作都有非常重要的参考作用。由此可见，中国古人对哈雷彗星的精细记录有着不可替代的科学价值，在有关

① 《史记·秦始皇本纪》记载："始皇七年，彗星先出东方，见北方，五月见西方……彗星复见西方十六日。"始皇七年即公元前240年。

② 《汉书·五行志》记载："（西汉）元延元年七月辛未，有星孛于东井，践五诸侯，出河戍北率行轩辕、太微，后日六度有余，晨出东方。十三日夕见西方，犯次妃、长秋、斗、填，蜂炎再贯紫宫中。大火当后，达天河，除于妃后之域。南逝度犯大角、摄提，至天市而按节徐行，炎入市，中旬而后西去，五十六日与苍龙俱伏。"按，元延元年为公元前12年。

哈雷彗星的天文学研究中意义重大。从这个意义上我们可以说,是中国人最早“发现”了哈雷彗星。

其实,中国古代典籍中对哈雷彗星的最早记录还可上溯到公元前 1000 年左右的牧野之战时期,相关记录出现在中国先秦古籍《越绝书》和《淮南子》中。[①]虽然这些记录中提到的彗星是否为哈雷彗星以及这些记载本身的真实性受到了国际天文学界的质疑,但这些说法还是有一定的合理性的。除此之外,《史记》和《文献通考》中也有关于公元前 468 年出现彗星的记录,这与根据周期推算的哈雷彗星的出现年份刚好吻合,也有可能是中国古代对哈雷彗星的早期记录。

八、《夏小正》的价值

《夏小正》最早出现于汉代初年的《大戴礼记》中,现在一般认为此书成书于战国时代早期,但是在古代一直相传该书为中国第一个“家天下”王朝——夏朝的历书。[②]《夏小正》的总体结构是按月分述相应的物候、星象、农事、祭祀活动等。流传到今天的版本中只有 9 个月的内容中有关于星象的记录,二月、十一月、十二月这 3 个月没有关于星象的记录。针对这一现象有两种不同的看法:其一认为《夏小正》为十月历,一个月有 36 天;其二则认为《夏小正》是十二月历。现在我们基本可以确定十二月历的说法更可靠一些,那三个月缺少的星象记录应当是在流传的过程中遗失的。关于《夏小正》成书的年代也众说纷纭,有人认为就是夏代,有人认为是春秋时代,也有人认为是战国时代。专家在对书中的星象记录进行分析后发现,《夏小正》中星象体系的适用时间跨度是非常

① 《淮南子·兵略训》说:“武王伐纣,东面而迎岁,至汜而水,至共头而坠,彗星出而授殷人其柄。”据中国天文学家张钰哲推算,这是公元前 1057 年关于哈雷彗星回归的记录。

② 参见《中国天文学简史》编辑组:《中国天文学简史》,天津科学技术出版社 1979 年版,第 8 ~ 10 页。

大的，是一部从夏代到西周都可以通用的历法。由此可见，《夏小正》并不是春秋或战国时代的人杜撰出来的，它的历史可以追溯到非常久远的过去，中国古人说它是夏代人的历法书也并非无稽之谈。除此之外，在《夏小正》所记载的众多星象中，“参星”受到了非常高的重视，在四个主要的关节点都受到了关注和利用，而重视参星正是夏代历法的特点，这就从一个侧面证明了《夏小正》与夏代的关系。

《夏小正》与前代的历法相比具有明显的不同，它采用了多颗恒星、星座和多种形式作为某月的标志，它所取的各种星象形式有 9 种，采用的星宿有鞠、昂、参、南门、织女、大火、辰、北斗、银河等，在各个月中用来作标志的也多达 19 项。这表明与前代相比，当时的人们已经在观象授时的多元性和多样性上取得了不小的进展，而在确定一个月份的时间时采用多颗恒星、物候相结合的方法则大大增加了其准确性、有效性和可靠性。《夏小正》中占篇幅最多的是每个月的物候特征和人的农事、祭祀等活动，这些物候特征和人的活动应该都是与《夏小正》的成书年代相近的，虽然并不属于夏代，但后人推测这些活动本来就是夏代的传统内容，只是在具体形式上被后来的撰写者和修订者改变了而已。如前文所说，《夏小正》中的每一个月都有确定的星象作为标志以确定月份，与此类似，书中还以不同的物候对应不同的时节，可以说物候是《夏小正》中时节先后的标志。在这些物候中，有 29 项（占书中所有物候的 54%）被后代的历书《吕氏春秋·十二纪》和《礼记·月令》所采用，后代的“七十二候”也参考了《夏小正》中的 29 项物候，由此可见《夏小正》对后世历法的影响之大。

第二章 领先世界的古代数学

天有多高？地有多广？这些在现代人看来谈不上太难的问题，却曾让古人为之深深地着迷并进行了不懈的探索。《周髀算经》上记载了西周辅政大臣周公的疑惑：人类无法借助梯子攀登到苍穹之上，也不能依靠尺子去丈量大地，那么数字、算数是从哪里来的呢？屈原在《天问》里也发问道：天空有许多曲折边角，有谁可以明晰它的数目？

在古代中国，天文历法与数学计算有着极其紧密的联系，许多数学家同时也是天文学家。《周髀算经》原名《周髀》，实质上是一部讲天文的书。但探究天空的奥秘离不开数学运算的推演，故《周髀算经》一书中保留了大量的数学运算，因此它也可以被视为一部数学著作。除了《周髀算经》，中国古代有关数学的记载也常见于史书的“律历志”部分。除天文历法之外，数学与人们日常的生产生活也有着密切的关系。田地的面积、建筑物的体积、商品的交易、军队的排列，处处都有算术的痕迹。明代学者程大位曾在《算法统宗校释》一书中总结道：“远而天地之高广，近而山川之浩衍；大而朝廷军国之需，小而民生日用之费，皆莫能外。”

重视算数计算，是中国古代数学的一大特征。一方面，这使得中国古代的数学家在算法研究领域长期处于世界领先地位。例如：古代中国在世界范围内首先使用了十进制记数法，汉代《九章算术》至元代《四元玉鉴》不断提出创新的方程解法，南北朝的祖冲之在前人的基础上算出了更精准的圆周率，等等。另一方面，重视算数计算也导致了古代中国数学家缺乏纯粹的逻辑演绎思维，制约了古代数学在明清时期的进一步发展。

与重视算术相对应的是，中国人使用计算工具的历史很悠久。算筹和算盘都是我国传统的计算工具，算筹的使用最早可以追溯到先秦时期，西汉早期整理的先秦文献中就有零星的关于算筹的记载；珠算的起源则众说纷纭，但可以确定的是珠算在元明时期就已经得到了广泛的使用。

我们在今天看待中国古人取得的数学成就时，一方面应该对这些成就心存

自豪，从数学家的事迹中学习他们的精神，激励自己努力学习。另一方面，我们在了解、研究这些数学成就时，也应该注意结合数学家、数学著作所处的时代背景，科学地分析中国古代数学的演变和发展。

一、算术运算的成就

数学在中国古代被称为“算术”“算学”,其中“算术”是“算数之术”的简称。隋唐时期，中国曾设立过“算学博士”一职，宋初和清代也曾设立过国家级的算学机构。历史上，“数学”一词产生于宋元时期，但直到近代数学才取代算学而在中国被广泛地使用。算术运算是中国古代数学区别于西方古代数学的重要特点之一。不同于古希腊数学更侧重逻辑推理的特征，古代中国数学更重视从社会经济的实际问题出发，运用计算获得实际问题的答案。

算术运算的思想在先秦时期已有所体现。据《周礼》记载，当时的贵族子弟要学习礼、乐、射、御、书、数六种技能。其中的“数”即是算术。在西周时期的周恭王时代，有人曾铸了一件巨大的青铜器“舀鼎”(又称“曶鼎”)，该鼎久已遗失，但鼎内部的铭文拓本却留存了下来。在该鼎的铭文拓本中记载着这样一桩判决：一个名叫“匡”的人的手下抢夺了名叫“舀”的人的禾苗，舀控告匡的抢夺行为，于是匡被判决“偿还舀禾苗十秭（秭是当时的一种数量单位），再加上十秭禾苗凑成二十秭。来年不归还的话就加倍偿还四十秭禾苗”。这段文字印证了《周礼》的说法，反映出当时的贵族已经可以进行加法和乘法运算。

到了西汉时期，中国出现了一部迄今为止最古老的数学著作——《算数书》，该书中已经有了关于分数、比例的计算。稍后，《周髀算经》也问世了。到了东汉前期，《九章算术》成书（见图 2-1），书中出现了完整的分数四则运算，同时该书总结了多条公式，其中就涉及一次多元方程组的解法和多位数的开方计算。魏晋时期，刘徽为《九章算术》作注，改进、纠正了书中的一些公式。约在南

北朝时期写就的数学著作《孙子算经》（见图 2–2）中记载了一道关于“物不知数”的题目，这是在中国历史上首次提出关于“一次同余式组”的问题。约成书于公元 5 世纪下半叶的《张丘建算经》（见图 2–3）中提出了关于最小公倍数和最大公约数的应用问题，书中记载的“百鸡问题”则是中国古代关于不定方程问题的滥觞。唐代学者夏侯阳所著的《夏侯阳算经》（见图 2–4）中记载了许多简化运算的方法，例如将乘数分解成两数相加或相乘，将除数分成两个除数进行二次计算，等等。《周髀算经》《九章算术》《海岛算经》《孙子算经》《张丘建算经》《五曹算经》《五经算术》《缀术》《夏侯阳算经》《缉古算经》（见图 2–5）这 10 本书在唐代曾被作为国子监的数学教材，集中代表了唐代以前中国古人在数学方面取得的成就。

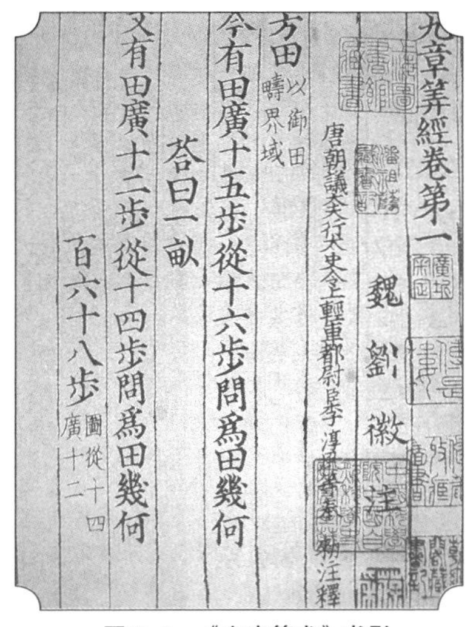

九章筭經卷第一
魏 劉徽 注
唐朝議大夫行太史令上輕車都尉臣李淳風等奉勅注釋
方田 以御田疇界域
今有田廣十五步從十六步問爲田幾何
荅曰一畝
又有田廣十二步從十四步問爲田幾何
百六十八步 圖從十四廣十二

图 2–1 《九章算术》书影

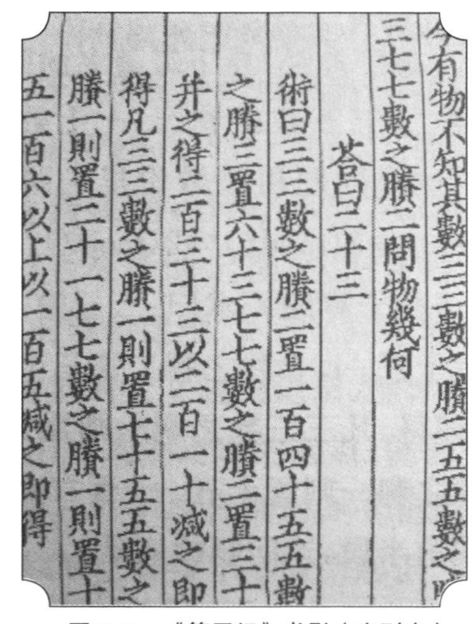

今有物不知其數三三數之賸二五五數之
三七七數之賸二問物幾何
荅曰二十三
術曰三三數之賸二置一百四十五五數
之賸三置六十三七七數之賸二置三十
幷之得二百三十三以二百一十減之即
得凡三三數之賸一則置七十五五數之
賸一則置二十一七七數之賸一則置十
五一百六以上以一百五減之即得

图 2–2 《算子经》书影（宋刊本）

張丘建算經序
夫學算者不患乘除之爲難而患通分之爲
是以序列諸分之本元宣明約通之要法上
有餘爲分子下法從而爲分母可約者約以
之不可約者因以名之凡約法高者下之耦
半之奇者商之副置其子及其母以少減多
等數而用之乃若其通分之法先以其母乘
全然後內子母不同者母乘子母亦相乘
一母諸子共之約之通分而母入者出之則

图 2-3 《张丘建算经》书影（宋刊本）

夏侯陽算經卷上
明乘除法
辯度量衡
言斛法不同
課租庸調
論步數不等
變米穀
明乘除法
夏侯陽曰夫算之法約省爲善有分者通之分

图 2-4 《夏侯阳算经》书影（宋抄本）

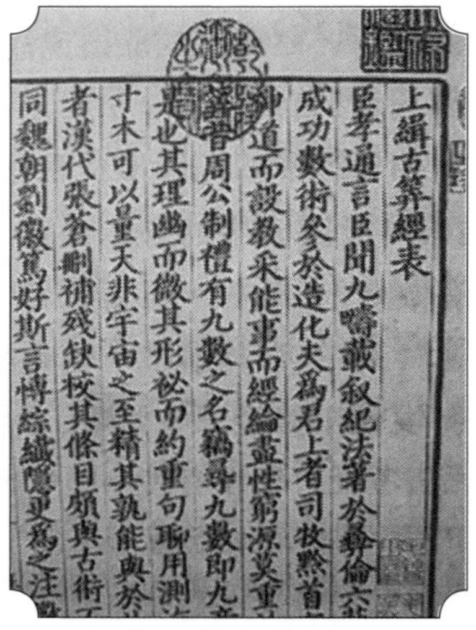

上緝古算經表
臣孝通言臣聞九疇載叙紀法著於彝倫六
成功數術參於造化夫爲君上者司牧黔首
神道而設教采能事而經綸盡性窮源莫重
昔周公制禮有九數之名竊尋九數即九章
是也其理幽而微其形祕而約重句聊用測
寸木可以量天非宇宙之至精其孰能與於
者漢代張蒼刪補殘缺校其條目頗與古術
同魏朝劉徽篤好斯言博綜纖隱更爲之注

图 2-5 《缉古算经》书影（宋抄本）

到了宋元时代，中国的数学发展出现了一个新的高峰，特别是在宋代，中国的数学成就达到了登峰造极的地步。例如，贾宪创造了求解高次方程的“增乘开方法”；沈括提出了“隙积术”，后经杨辉等人的完善，可用于计算一堆按照等差的方式累叠起来的物品的个数；秦九韶创立了求解一次同余式组的“大衍求一术”；李冶完善了如何列方程的“天元术”（“天元”就是第一个出现的未知数）；等等，真可谓不胜枚举。到了元代，朱世杰创立了“四元术”，可用于求解含有四个未知数的方程组。

明清时期，由于多种因素的影响，中国在算术上取得的成就未能超过宋元时期。不过，在这一时期，仍有一些数学家为中国数学的发展贡献了自己的智慧，例如明代的程大位，他编写了《算法统宗》一书，书中整理了珠算口诀，并提出了用珠算求解二次方程和三次方程的方法。到了清代，对古代数学著作进行整理和继承逐渐变得流行起来。焦循全面总结了古代运算的法则，并为秦九韶、李冶的著作撰写了释读材料；汪莱在秦九韶、李冶的研究基础上讨论了方程存在正根的条件；李锐对方程系数的正负与方程根的关系进行了研究；李善兰创造的“尖锥术”则是把数的乘方看成一个平面或一条直线，而平面通过叠加可以成为一个锥体，这可以说是由中国古代数学家独自发展出的具有中国传统数学特色的解析几何。此外，在明清时期，随着中外文化交流的深入，一些传教士开始把近代欧洲数学介绍到中国，

古代中国算术运算的发展史固然极为漫长，但首要的前提是数目能够以某种方式被表示、记录下来。那么，中国古人是从什么时候开始学会记录数目的呢？请接着阅读下一节的内容。

二、记数法与十进位制

今天，我们在日常生活中使用一、二、三、四、五、六等汉字数字或者 1、

2、3、4、5、6 等“印度—阿拉伯数字”（这些数字起源于古印度，由阿拉伯人传播到西方，故称“印度—阿拉伯数字”，简称“阿拉伯数字”）来记数。在一些正式的场合，人们还会使用壹、贰、叁、肆、伍、陆等大写中文数字来记数。不过，在中国古代，记数法却经历了漫长的发展史。

据战国时期成书的《周易》里记载，上古时候，人们最早使用“结绳记事”的方法记录信息，后来出现了圣人改用刻划符号的方法记事。这些刻划符号在古文中被叫作“书契”，是汉字的雏形。刻划是需要找一个相对坚硬的平面当作刻板的。考古发掘显示，中国的先民们使用过骨头、石头、陶器等多种材料作为刻划符号的载体，部分骨器、陶器上的刻划符号已经被学者们释读为表示数目的“字”。相反，绳子由于很难保存千年之久，所以从出土文物中已经无法找寻结绳记事的脉络了。民族学家在调研后发现，一些少数民族直到近代还保留着使用结绳或者刻划的方式记录事件和数字的习俗，如佤族、哈尼族、高山族、怒族等。

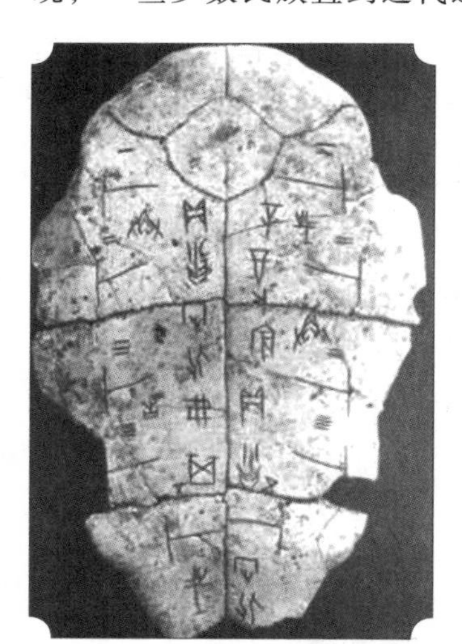

图 2-6　刻有数字的甲骨

到了商代，贵族们会把占卜的文字刻划在龟背或者牛肩胛骨上，这些刻划的文字便是著名的“甲骨文”。甲骨文中被释读出的表示数目的字不仅包含表示个位数的一至九，还包括十、百、千、万等表示数量级的字（见图 2-6）。[①] 这说明，中国古人的十进制思想在商代已经发展得相当充分了。

商周时期的贵族在制造青铜器时多数会在其上刻上文字，这类文字被称作“金文”，

① 参见苏湛：《看得见的中国科技史》，第 48 页。

因为青铜器中有许多是编钟或青铜鼎，所以这些铭刻在编钟或青铜鼎上的文字也被称为“钟鼎文”“铭文”。在周代的金文中，已经出现了“亿”这一单位。

在用甲骨文和金文书写数字时，存在数字连写或者不同数位的数字之间加“又”字的情况。连写通常是指将平时书写于同一行的表示数目的字及单位字按照上下结构写成一个字的现象。

周代还出现了竹简、丝帛等书写载体。《诗经·小雅·出车》中有“畏此简书”（意为害怕简册上的威严军令）的诗句；《墨子·兼爱下》中有“书于竹帛，镂于金石”的记载。近年来，清华大学的学者根据战国楚竹简整理出了一份算数表格，并将其命名为《算表》，它可以用来进行乘除法及开方运算。这份《算表》与里耶秦简中发现的乘法表和张家界汉简中发现的乘法表一道，共同向我们展示了从东周至秦汉这段历史时期十进制在中国的发展沿革。

《汉书·律历志》中说：“数者，一十百千万也。”宋代的大型类书《太平御览》也引用汉代应劭《风俗通义》里的说法称：“十十谓之百，十百谓之千，十千谓之万，十万谓之亿……”显然，这些都是十进制的观念。

早在先秦时期，分数就已经在我国得到了应用，这在金文和传世文献中都可以找到一些例证。负数在中国古代出现得也很早，现在能见到的关于负数的最早记载是西汉数学著作《算数书》。小数的广泛使用则在宋代以后。

当书写载体发展到简帛、纸张时，除了我们比较熟悉的汉字篆书体、隶书体、楷书体，中国古人在记数时还会使用一种“算码字”。例如，在居延汉简中，“四”的写法是亖，“六”的写法是⊥。算码字之所以会呈现出这样一副奇特的模样，与我国古人在进行数学演算时使用的一种独特的工具有关。那么，这种工具是什么呢？让我们接着阅读下一节。

三、算筹与算盘

在日常生活中，我们在进行简单的运算时常常用口算就可以了。但遇到比较复杂的运算时，倘若没有经过专业的训练，普通人大多还是会选择使用电子计算器。我们不禁会问：中国古人有没有辅助计算的工具呢?

算筹　中国古代的算筹大多是一些细长的竹片或木棍。人们可以使用一捆竹片摆出 1 ～ 9 这 9 个数字，再通过移动某些竹片来完成加减乘除、开方等运算。由于这类工具多为竹制，且用于计算，所以得名“算筹”（还有一类筹片是古人用于进行一种被称为“六博”的游戏的，这类筹片就不能算作算筹了）。算筹在史籍中还被称为“筹策”“算子”，也可单称“算”或“筹”。有学者认为，“策”或者“枝”也可能是早期人们对算筹的称呼。有一种观点认为，算筹可能脱胎于商周时期占卜用的蓍草。借助当代开展的考古发掘工作，我们可以一睹战国算筹的真容。20 世纪 50 年代，湖南长沙左家公山和常德德山镇的战国墓分别出土了 10 余根竹制算筹。出土的算筹长度大致相等，这说明至迟从战国时期开始算筹的形制就已经有了规定。今天，不少小学数学教材的教学辅助工具袋中都会包含一小捆塑料棒，这就是今人用来模拟的算筹。

综观历史，算筹的长度是在不断缩短的。据《汉书·律历志》记载，算筹“径一分，长六寸”（径约合 0.33 厘米，长约合 20 厘米）。到了北周时期，甄鸾所注的《数术记遗》中记载的算筹则“长四寸，方三寸”（长约合 1.32 厘米，方约合 10 厘米）。到了隋代，《隋书·律历志》中记载的算筹的规格成了“广二分，长三寸”（广约合 0.66 厘米，长约合 10 厘米）。这种变化趋势可能与人们从事运算的难度增大、需要的算筹数量变多有关。也有学者认为，早期人们是席地而坐，在地上摆弄算筹，后来有了桌具椅子，算筹摆放空间的改变要求其体积变得更加细小。

算盘　算盘是中国古人在吸取了算筹运算基本元素的基础上而发明的新式

计算工具。元明时期，随着工商业的进一步发展，人们在生产生活中的计算量也有了显著的增加，同时，随着筹算口诀的增多，算筹的摆放与歌诀背诵存在时间差的矛盾也日渐凸显。因此，算筹的使用逐渐减少，算盘的使用逐渐增多。一些记载和刻本就描绘了这样一种同时使用两种计算工具的状态。例如，元末人陶宗仪就在他的著作《辍耕录》中既提到了算筹，又提到了算盘。明朝洪武年间（1368 ～ 1398 年）有一部启蒙读本《对相四言杂字》，书里也同时画着算筹和算盘（见图 2–7）。[①]

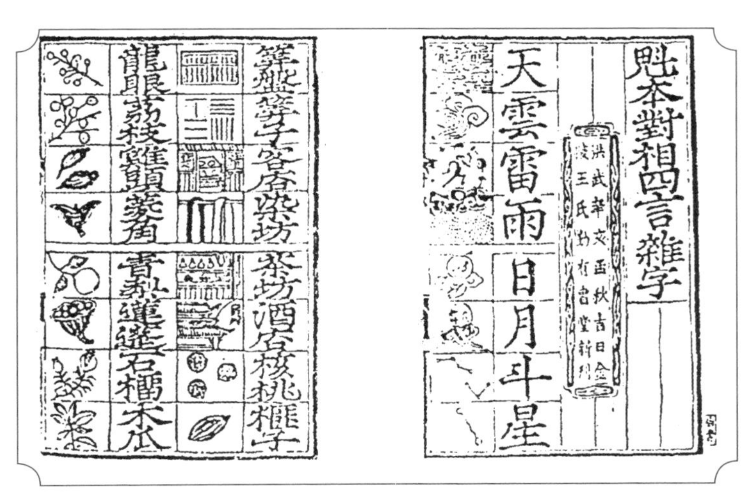

图 2–7　明代《对相四言杂字》中的算盘和算子（算筹）

中国现存最早的一部珠算著作是明代徐心鲁撰写的《盘珠算法》，该书中记载的算盘的形制是“一珠在上，五珠在下，共有九列”。稍晚出现的柯尚迁撰写的《数学通轨》中记载的算盘形制则与此不同，盘珠排列增加至 13 列，且“二

① 参见李培业、［日］铃木久男主编：《世界珠算通典》，陕西人民出版社 1996 年版，第 367 页。

珠在上，五珠在下”。这两种形制的算盘现在都还在使用，只是存在尺寸细节上的调整。

中国古人发明的算盘及相关珠算用书曾流传到了日本、朝鲜，成为东亚文化圈共同的计算工具。在今天的数学课堂上，我们仍然会学习有关珠算的内容。

四、规矩方圆与几何学

“几何”二字中国古已有之，但它原本没有研究图形的意义。今天我们数学课上讲的“几何学”源自拉丁文“Geometria”。明朝末年，传教士们在翻译西方数学著作时，曾将表示整个数学学科的拉丁文单词“Mathematica”译为“几何”，而将我们今天所说的“几何学”音译为“日阿默第亚”。

早在远古时代，中国的先民们在打制石器、为陶器装饰花纹的过程中就已经有了对形状的早期认知，商周青铜器的丰富造型和绚丽奇幻的纹饰更显示了属于东方的审美旨趣。最基本的形状是“方”和“圆”，其他形状都可以通过这两种形状的组合、旋转、截取获得。传说，上古时代的人们使用规、矩两种工具绘制方、圆图案。东周诸子的典籍中也记载了人们对几何的认知。例如，《孟子·离娄上》中就讲道：“公输子之巧，不以规矩，不能成方圆。”其意思是说，像鲁班那样聪明灵巧的人，假若没有规矩的帮助，也是无法制作方圆图案的。这句话后来隐去了历史细节，被总结成家喻户晓的哲言“无规矩不成方圆”。

古人进行观测天文、丈量田地、修造建筑等活动都离不开几何知识。善造机械、与建筑守备常打交道的墨家学派在《墨子》中也留下了一些有关几何学的思想。《墨经》一篇定义了点、平行线、方、圆。例如，它将“圆”定义为“一中同长”，将“正方形”定义为“柱隅四杂”（“柱”是方形的边，“隅”是方形的角）。这句话可以理解为：正方形是由4条相等的边、4个相等的角凑成的图形。20世纪，英国著名的科学技术史专家李约瑟感叹：“中国数学的主流是朝着代数学的方向

发展的……中国的数学也不是没有理论几何学的某种萌芽……包含着这些幼芽的命题见于《墨经》。”①

在先秦时代之后出现的中国古代数学专著也一直关注着平面图形的边长、面积及立体图形的体积等问题的计算。《九章算术》列举了“方田”（长方形的田地）、“圭田”（等腰三角形的田地）、“斜田”（直角梯形的田地）、“箕田”（等腰梯形的田地）、“圆田”（圆形的田地）、弧田（弓形的田地）等不同形状的田地面积的计算方法，以及“阳马”（底面为长方形、一条侧棱与地面垂直的四棱锥）、“鳖臑”（四面都是直角三角形的四面体）、“圆亭”（圆台）等锥体和棱台、球形的体积计算方法。《海岛算经》测量了岛屿、山峰等远距离物体的尺寸。《五曹算经》记载了田地面积、仓库容量的算法，与前代著作相比，该书收录的田地形状更加丰富，增加了对“萧田”“牛角田”“覆月田”“腰鼓田”“蛇田”等形状的田地面积计算方法的讨论。《缉古算经》记载了计算水利工程中堤坝体积的一般公式。《夏侯阳算经》记载的是消去了具体数字的计算方法，在理论上有了进一步的发展；《田亩比类乘除捷法》纠正了以往在计算四边形田地面积时的讹误。《数书九章》提供了不等边三角形面积的计算公式。南北朝时期的祖暅提出了计算球体积的重要原理：“缘幂势既同，则积不容异。”大意是说，当两个物体任意等高处的截面积相同时，它们的体积不会有异。

中国古代几何学的一个显著特点是重视将几何问题转化为代数问题，关注算式计算，但较少关注边和角的关系。在计算面积和体积的时候，中国古代的数学家通常采用“割补法”（又称“出入相补法”“损广补狭法”）。例如，计算梯形的面积时，可以分别从梯形两腰的中点作与梯形上底的延长线和下底垂直相交的线段，从而将求梯形的面积转化为求长方形的面积。计算横截面为梯形

① ［英］李约瑟著，《中国科学技术史》翻译小组译：《中国科学技术史》第3卷《数学》，科学出版社1978年版，第202页。

的堤坝的体积时也可以按照同样的原理进行割补，将问题转化成计算长方体的体积。勾股定理的使用、圆周率的推算也是中国古代几何学取得的重要成就。我们将在下文中进行介绍。

五、勾股定理的发现与高次方程的解法

《周髀算经》中记载了一个目前已知最早的关于勾股定理的故事。据《周髀算经》卷上记载，西周的辅政大臣周公旦曾询问一个叫商高的人："请问数安从出？"（请问数的来源是什么？）商高在回答时说："故折矩以为句（勾），广三，股修四，径隅五。既方之，外半其一矩，环而共盘，得成三四五。两矩共长二十有五，是谓积矩。"（见图 2–8）意思是说，制作长度为 3 的横短边（勾广三），长度为 4 的另一条长边（股修四），弦边的长度为 5（径隅五）的长方形。当长方形的外侧搭建好之后，沿着斜对角只取它的一半，这样就获得了一个边长分为 3、4、5 的三角形。短边和长边各自相乘后相加的结果是 25，这就叫作"积矩"。商高的阐述整理成公式的形式就是：

图 2–8 《周髀算经》中对勾股定理的证法

$$勾^2+股^2=弦^2$$

故事后面还附有"勾股圆方图"，可用来证明这个定理。遗憾的是，现在的传本（最早的传本是南宋本）中所载的图示并不符合三国时期赵爽的注释。为此，当代数学史学者钱宝琮根据赵爽的注释重新绘制了"勾股圆方图"，使得勾股定

理的证明过程更加直观。

《周髀算经》中接着又记载了陈子和荣方的故事。他们二人在讨论中谈到，勾、股各自取平方相加后再开方可以求直角三角形的弦边长，从而将勾股定理从具体数字的特例推广成为一般的理论。不过，据三国时期赵爽的注释，这则记载不是《周髀算经》的原文。[①]

《周髀算经》成书大概在西汉时期，周公见商高的故事可能是人们口耳相传的史实，也有可能是成书时代著作者的假托。成书于1世纪左右的《九章算术》中出现了对勾股定理的一般性概括。该书在《勾股》一卷中写道："勾股各自乘，并而开方除之，即弦……又股自乘，以减弦自乘，其余，开方除之，即勾……又，勾自乘，以减弦自乘，其余，开方除之，即股。"意思是说，勾股各自乘方，将得数相加后再开方，就是弦；弦乘方后减去股乘方，得数开方，就是勾；弦乘方后减去勾乘方，得数开方，就是股。

综合以上几个例子我们可以看出，至迟在西汉时期我们的先人就已经发现并初步掌握了勾股定理。

中国古人称解方程的方法为"开方术"，因为现在我们所说的"方程"在古代数学著作中被称为"开方式"，而古代数学中所说的"方程"则是今天我们所说的"线性方程组"。开方术与勾股定理有着一定的联系，中国古代的数学家常使用勾股定理来罗列、解答方程。《九章算术》中提到了完整的开平方（"开方术"）、开立方（"开立方术"）的步骤。[②]例如该书中记载的开平方题目："今有积五万五千二百二十五步，问为方几何？"意思是说，现在有面积为55225平方步的正方形，求正方形的边长是多少。该题的解法实际上是用算筹进行了两数和的平方公式的逆运算。

① 参见钱宝琮主编：《中国数学史》，科学技术出版社1964年版，第13～14页；傅溥：《中国数学发展史》，文物出版社1982年版，第27～29页。

② 参见杜石然主编：《中国科学技术史·通史卷》，第240～244页。

到了唐代,《缉古算经》最早提出了一元三次方程的普通解法,使用的是“开带从立方”法。[1] 北宋时期，贾宪、刘益等人对方程的解法进行了新的思考。贾宪创造了“立成释锁平方 / 立方法”（释锁是对开方的比喻，立成是辅助开方使用的算表）和“增乘开平方 / 立方法”，能够迅速地进行开方运算。刘益对系数不分正负的方程的解法进行了研究。到了南宋时期,秦九韶创立了“正负开方法”,从而提供了一种普遍适用的高次方程解法。李冶完善了“天元术”，这是使用符号列方程式的可贵创新。到了元代，朱世杰创立了“四元术”，用以解同时存在四个未知数的方程，这使中国古代高次方程的解法发展到了求解多元高次方程的阶段。

六、数学理论与实际问题的紧密结合

中国古代数学著作中记载的题目涉及天文、建筑、军事、农业等多个方面，但大多与解决实际生产生活问题相关。这些题目的内容多来源于生产生活的实践，题目下面的“术”则包含有我们现在所说的公理、算法、公式等。书中给出的这些“术”能够很方便地指导日常规划和测量，这反映了我国古代数学重视理论与实际问题相结合的特点。例如，前面提到的勾股定理的故事就体现出了古代中国的数学理论源于实际又指导实际的特点。故事中的商高就认为，勾股定理等数学原理是大禹治水时使用的方法。

《九章算术》中的题目涉及土地面积计算、谷物兑换、水利工程、筑城工程和赋税等，其中的算法大多可以直接应用于现实生活，公式也不注重证明推导，可见这些算法的提出主要就是直接为现实应用服务的。现在已经整理出的秦汉简牍中记载的算数问题也涉及生产生活的众多具体方面，它们与《九章算术》

① 参见钱宝琮主编：《中国数学史》，第 94 ～ 97 页。

可能存在一些传承关系。有学者认为,《九章算术》的术文有些是很抽象的，具有普遍的适用性，因此可以被看作是一种数学理论。

刘徽（约225～295年）在注解《九章算术》时，真正建立起了古代中国数学的理论体系。[①] 刘徽可能是受魏晋时期注重明理思辨的社会风气的影响，故在其著作的序言中说自己是“析理以辞，解体用图”(用言辞来分析理论，用绘图来解构形体)。刘徽使用“率”来统领整部书的注解，证明了原书中的公式、定理，还给许多数学概念下了定义。

从南北朝到元代，中国的数学理论成果层出不穷，数学家们在做出理论贡献的同时亦不忘关注数学的实际应用问题，这里暂举朱世杰的例子来说明。朱世杰生活在元朝早期，他编写了一本旨在普及数学教育的教材，取名为《算学启蒙》[②]。这本书首次从理论上概括了正负数相乘的情况,还提到了“倒数相乘结果为一”；同时还记载了物价、税率等与实际生活相关的问题。在田地计算方面,《算学启蒙》比前代著作增加了“钱田”(中间有方形空白的圆田)、“三斜田”(一般三角形的田地）和“八角田”(正八边形田）的算法。值得一提的是，在一些要用到圆周率的问题里，朱世杰会使用古代的多个圆周率值代入计算,求出不同的结果,让读者直观地看到计算结果的差异,这体现了《算学启蒙》的实用性。

总之，中国古代数学论著以题集的形式记载的题目往往来源于现实的计算需要,而解答所用的“术”则既有专门解答具体问题的方法,也有归纳的一般理论。现实生产生活的需要会推动算法的发展，而算法的发展又可以提高日常计算的精确度。

---

① 参见钱宝琮主编：《中国数学史》，第62～65页。
② 参见杜石然主编：《中国科学技术史·通史卷》，第575～576页。

七、十进位制的创立

十进位制在有的书中也被称为“十进位值制”，实际上这两者是不同的。十进位值制有两个必要条件：一是采用十进位制，数字累加到“十”才向前进一位；二是数字放在不同的位置表示不同的数值，例如，数字“1”放在十位表示“10”，放在千位表示“1000”。有了十进位值制，我们就可以使用有限的数字来表示无限的数目了，例如可以用 0 ～ 9 这 10 个阿拉伯数字表示各种数目，也可以用零至九这 10 个汉字数字表示各种数目。现存的史料表明,中国是世界上最早使用十进位制的国家。

中国人使用十进位制记数的历史可以追溯到石器时代陶器、骨器上的刻画符号，其中一些符号已被释读为表示数目的字。到了商代，在甲骨文中由于不同层级的数目之间会有百、千、万等单位的分隔（有时，数字和单位会合写成一个字），因而此时的记数虽然含有位值制的因素，但在严格意义上还不能算是一种十进制的位值制。后来，当中国古人开始用算筹表示数字时，数字所在的不同位置可以表示不同层级的数值，这就可视为一种十进位值制记数法。

《九章算术》中已经采用了十进位值制的十进制记数法，并记载了十进制的分数用法。而在刘徽注解的《九章算术》中,已经出现了简略的十进制小数的用法，这到南宋时期则得到了普遍的使用。为了与十进制记数相适应，中国古代的度量衡也逐步采用了十进制。宋代以后，中国绝大多数的度、量制使用了十进制，而衡制的斤、两直到 20 世纪 50 年代才从十六进制改为十进制。

有必要特别指出的是，对于一些特别大的数，中国古人在表示时并不单纯地使用十进制。先秦时期，万、亿、兆、经等大数都是十进制的，但到了汉代曾被改为万进制。《数术记遗》的作者也讨论过三种进位方法：第一种是采用十进制，十万称为“亿”，十亿称为“兆”；第二种是采用万进制，万万称为“亿”，万万亿称为“兆”；第三种则是万万称为“亿”，亿亿称为“兆”。

八、筹算与珠算

筹算与珠算分别是使用算筹和算盘进行的运算。本书在前文中已经介绍了算筹和算盘的形制及其在中国历史上的使用时段，这一节我们就来简单了解一下筹算（见图 2–9）和珠算（见图 2–10）的计算步骤。

图 2–9　唐代象牙算筹（陕西旬阳出土）

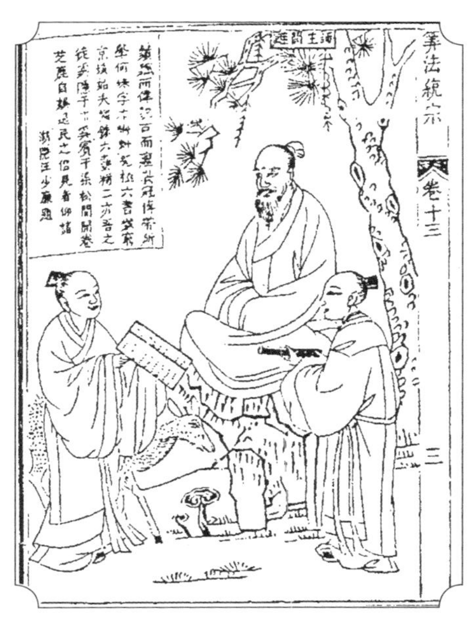

图 2–10　“师生问难图”中的算盘（明 · 程大位《算法统宗》插图）

筹算的步骤　首先，计算者需要用算筹摆出需要计算的各个数目字，并将数目字摆在相应的运算位置。算筹可以有横向、纵向两种摆放方法，同一

数目字相邻两个数字的摆放方式是相异的，个位使用纵式。这就是《孙子算经》上所谓的“一纵十横，百立千僵，千十相望，万百相当”。例如，“1234”用算筹表示为𝍩𝍡𝍫𝍣。算筹可以用不同的颜色表示正负数，如红色表示正数，黑色表示负数；或者以不同的摆放角度表示正负数，如竖直摆放表示正数，倾斜摆放表示负数。（见图 2–11）[①]

纵式	𝍠	𝍡	𝍢	𝍣	𝍤	𝍥	𝍦	𝍧	𝍨
横式	𝍩	𝍪	𝍫	𝍬	𝍭	𝍮	𝍯	𝍰	𝍱

图 2–11　算筹的摆放方法

接下来，就可以按照运算法则展开运算了。需要注意的是，筹算的运算程序是从左至右，从高位到低位，这与今天我们所用的笔算的顺序是不同的：在做加减乘法的笔算时，我们会将参与运算的 2 个数分成上、下两行书写，演算结果顺延着向下写；在做筹算时，古人也需要将参与运算的 2 个数字排成上、下两行，乘法的演算结果放置在两行数字中间，除法的演算结果放置在被除数之上。这样，商与除数分处上、下两行，而被除数处于商与除数中间。除法可以看作是逆向的乘法，做乘除法时可以借助“九九乘法口诀”。

早期的筹算乘除法都是分三行进行的。到了唐宋时期，人们开始尝试对筹算步骤进行简化，变三行计算为一个横列的简单演算。如果读者想对筹算的具体演算过程有更详细的了解，可以进一步阅读秦九韶的《数书九章》、李冶的《测圆海镜》和劳乃宣的《古筹算考释》，这几本书都配有对筹算的图示。

珠算的步骤　在用算盘进行演算时，首先要明白算盘的记数方法。算盘盘面中部有一道横梁，算珠靠近横梁时表示在记数，下面的算珠每个记为“一”，

① 参见钱宝琮主编：《中国数学史》，第 8 页。

上方的算珠每个记为“五”。如果有一列算珠都不靠近横梁，表示这一列处在空位，记为“零”。进行珠算时，可以根据计算的需要任意选择一列作为个位，向左数则依次为十位、百位、千位，向右数则依次为十分位、百分位、千分位。珠算口诀比筹算口诀多了有关加减法的部分。珠算也可以进行开方运算。

九、“0”的最早表示

“0”是用来表示某一数位上的数目不存在的符号。“0”的推广源自晚清学堂对西方教材的翻译和使用。那么，在此之前，中国古人如何表示数位上的空位呢？

在筹算中，因为无法用竹片表示“0”，所以在运算中我们使用“空位”的方式来表示，即数字 0 的这一位什么算筹也不摆。比如，“10234”用算筹表示为| || 三 ||||。因为算筹是纵横相间的，所以人们很容易看出是哪一数位存在空缺。

当数字需要写在竹帛、纸片上时，人们就仿照着筹算摆放的样子将其记录下来，成为“算码字”。直到北宋时期，司马光（1019 ～ 1086 年）在其所著《潜虚》一书中在表示数字时仍使用“算码字”。可见，此时单独表示空位的符号仍没有被发明出来。

前文提到，甲骨文、金文会在数字空位处用“又”连接，这个字通“有”，在传世史书中也能见到类似的用法。南北朝以后，出现了使用“初”“本”“空”等汉字表示空位的写法。金代的《大明历》、南宋蔡沈的《律吕新书》中使用“□”符号来表示空位，这可能是借鉴了书籍在印刷排版时对一般空字的处理方法。

金代的《大明历》中出现了少量的“0”符号。到了南宋时期，秦九韶的《数书九章》和李冶的《测圆海镜》两书的细草部分已大量使用“0”来表示空位，这表明符号“0”在南宋时期已经使用得比较普遍了。许多学者认为，“0”是由“□”

稍作调整创造出来的。

唐代曾有印度人瞿昙悉达编纂《开元占经》(成书时间在 718 ～ 726 年之间)一书，书中介绍印度人在记数时是在需要表示空位的地方点一个点。然而，在此后的中国古代数学著作中，我们几乎见不到这种印度记数法的影响，所以在新的有力证据出现之前，我们仍认为中国古代的“0”是独立发展的产物。

十、圆周率的推算

“率”的数学意义在先秦时期就已经出现。刘徽在注解《九章算术》时正式给出了“率”的定义：两个相关数量之间的关系。所以，“圆周率”就是圆的周长与直径的关系。今天我们知道，圆周长与直径的比值是一个无限不循环小数，并用希腊字母 π 来表示它。

今天我们对中国古代数学家计算圆周率的了解，主要依据的是《隋书·律历志》中“圆周率三，圆径率一，其术疏舛”的记载。其大意是：古代使用的圆周率是 3，圆径率是 1，计算方法已经不可知了。这与《周髀算经》中“周三径一”的说法相一致，即圆周率为 3。这在《周髀算经》的成书年代已经算是很了不起的数学成就了。《九章算术》中有道题目大意为：有一片圆形的田地，周长三十步（约合 50 米），直径十步（约合 16.5 米），这表明汉代继续使用“3”作为圆周率的数值，同时脚步测量可能是计算圆周率的一种方法。

随着生产力的发展，人们对圆周率的精度提出了更高的要求。刘歆、张衡、刘徽、王蕃、皮延宗等人都推算过新的圆周率[①]，但成就最杰出的是祖冲之。

刘歆（约前 53 ～ 23 年）生活在西汉末年至王莽新朝时期，他计算的圆周率数值史书并未记载，但《隋书·律历志》记载了王莽时期“律嘉量斛”的尺

① 参见傅溥：《中国数学发展史》，第 88 ～ 94 页。

寸，我们可以由此推算出刘歆计算出的圆周率为 3.1547。至于东汉张衡计算出的圆周率，史料中共有两种说法，推算后分别是 3.162 和 3.172。三国时期的王蕃（约 227 ～ 266 年）使用分数 142/45 来表示圆周率，计算值为 3.155。刘徽（约 225 ～ 295 年）使用“割圆术”计算了圆周率，“割圆术”原本是他在证明《九章算术》中提出的圆面积计算公式时采用的方法。刘徽先是不断增加圆内接正多边形的边数（正六边形、正七边形、正八边形……），然后计算正多边形周长与圆的直径的比值。他认为，圆内接正多边形的边数越多，对圆的分割就越细致，这样圆内的剩余部分便越少，从而能无限接近圆的原始形状。刘徽计算的圆周率值有两个，分别是 157/50 和 3927/1250，即 3.14 和 3.1416，前一个数值被后世称为“徽率”。皮延宗生活在南北朝时期，他计算的圆周率值为 22/7 ≈ 3.14，现存史书中没有见到，可能已经亡佚。

祖冲之（429 ～ 500 年）是南北朝时期的人，他在继承前人计算方法的基础上，使用更加严密的方法，推算出圆周率在 3.1415926 和 3.1415927 之间，从而将圆周率计算到了小数点后的第 7 位，成为世界上第一个把圆周率的准确数值计算到小数点以后 7 位数字的人，这一计算结果领先世界其他文明近千年的时间。直到近 1000 年以后，这个纪录才被阿拉伯数学家阿尔·卡西和法国数学家维叶特所打破。此外，祖冲之还提出了圆周率的分数表达方式，较为精确的是 355/113，被称作“密率”，还有 22/7 这个较简单的分数表达方式，被称为“约率”。祖冲之提出的“密率”也是直到 1000 多年以后才由荷兰数学家安托尼兹提出，后者提出的圆周率被称为“安托尼兹率”。祖冲之的主要研究成果保存在他与儿子祖暅合著的《缀术》一书里。可惜的是，这部书现在已经失传，只有少量的语句因为唐代李淳风在注释《九章算术》时被引用而保留下来。

李淳风（602 ～ 670 年）在注释《九章算术》时，常以祖冲之计算的“约率”（李淳风误以为是“密率”）代入算式，并与原书使用古率和刘徽使用“徽率”得出

的计算结果作比较，这说明祖冲之的研究成果在唐代已经得到了应用。[①]元代的赵友钦进一步证明了祖冲之圆周率计算结果的准确性。此外，不少明朝之前的数学家在自己的著作中都引用过祖冲之的圆周率，这些事实都证明了祖冲之在圆周率研究方面的卓越成就。

① 参见钱宝琮主编：《中国数学史》，第 101 页。

第三章 鼎足而立的中医药学

中医，是对我国传统医药学的简称。从广义上来说，中医即“中国的医药学”，包括汉族医药学、少数民族医药学和由偏方、土方、卫生习俗等组成的民间医药学。为什么这样说呢？因为在古代，整理医学典籍总体上是由贵族和知识阶层进行的，而今天我们所说的“汉族医药学”“少数民族医药学”，正是以流传下来的古代医学书籍为研究基础的。从狭义上来说，中医指的是在古代历史上长期处于医学发展主体（同时也是被历代封建王朝关注、记录的主体）的汉族医药学。从世界范围内来看，传统中国医药学与印度医药学、阿拉伯医药学三足鼎立，被世界卫生组织认为是世界传统医学的三大重要组成部分。

人类治疗病痛的历史可能与人类的历史一样久远。远古时代，生存环境恶劣，人们因疾病而死亡的概率很高，因此人们对疾病和伤痛不会置之不理，必然会采取一些措施来进行救治。由于古时候人类对自然万物的认知还处于初级阶段，因此当时世界上很多民族都将疾病与神灵联系在一起，认为降下疾病是神灵的旨意，要治疗疾病就需要借助巫术的力量，以求得神灵的原谅。

在商代，甲骨文的内容通常是巫师与商王针对各种问题的占卜记录，其中就已经出现了各种“疾”症。到了周代，人们对疾病的认识更加具体了，如《诗经》《山海经》中记载了几十种疾病的名称，“医”的称呼也已明确出现 。到了春秋战国时期，史书中已经出现了关于秦国、宋国的医生的记载。

医术的进步和健康意识的提高带来的是人们寿命的增加和生活质量的改善。古人认为医学是一门非常了不起的学问，所以就像对待其他那些了不起的学问一样，把医学的产生归功于上古传说中的神农、黄帝等英雄人物。例如，《黄帝内经》《神农百草经》并不是上古时代的医学著作，而是后世医书整理者托名黄帝、神农而作，“医学创造自英雄人物”这种浪漫想象表达了中国古人对英雄人物的敬畏。

从远古的简易治疗到上古的巫术治疗，再到周代出现明确的医生记载，人

们通过口耳相传，不断积累着医术经验。只有到了书写材料变得相对充裕时，这些在汉代被称为“方技”的事物才有可能被誊写成文字。写在简帛上的医书在东周已经出现，秦始皇在下令焚书坑儒时明确表示要保留医书。

目前可见到的问世最早的中国古代医学著作是汉代成书的《黄帝内经》（见图 3–1）。近几十年来的考古发掘中屡有汉代医方出土，可见汉代是中医的轮廓渐渐明朗的时期。从汉代到明清 2000 多年的历史中，古代中国的医学存在哪些进步和调整？号脉、针灸的诊疗方法是从何时开始形成的？那些名字充满文艺气息的草药是怎么被人们发现有疗效的？关于养生健体，古代的医生会给出什么样的建议？想知道这些问题的答案，就让我们一起走进中医药学的世界，了解独具特色的中医药吧。

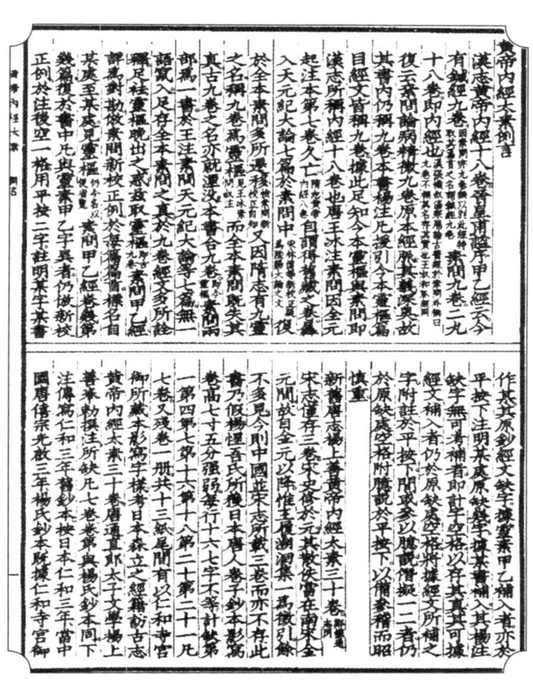
黄帝内經太素例言
漢志黄帝内經十八卷晉皇甫謐序甲乙經云今
有鍼經九卷 素問九卷二九
十八卷即内經也
復云素問論病精微九卷原本經脈其義深奥故
其書内仍稱九卷本書楊注凡援引今本靈樞篇
目經文皆稱九卷據此足知今本靈樞與素問即
漢志所稱内經十八卷也唐王冰注素問因全元
起注本第七卷久亡 自謂得舊藏之卷纂
入天元紀大論七篇於素問中 復
於全本素問多所遷移 又因隋志有九靈
之名稱九卷爲靈樞 而全本素問既失其
真古九卷之名亦就湮沒本書合九卷 素問爲
部爲一書於王注素問天元紀大論等七篇無一
語竄入足存全本素問之真於九卷經文多所詮
釋足徵靈樞晚出之惑茲取靈樞 素問甲乙經
詳爲對勘倣素問新校正例於每篇首標名目
某處至某處見靈樞 素問甲乙經卷幾第
幾篇覆於書中凡與靈素甲乙字異者仍倣新校
正例於注後空一格用平按二字註明某字某書
作其其原鈔經文缺字據靈素甲乙補入者亦於
平按下注明某處原缺幾字據某書補入其楊注
缺字無可考補者即計字空格以存其真其可據
經文補入者仍於原缺處空格將據經文所補之
字附註於平按下間或參以臆說僭擬一二者仍
於原缺處空格附臆說於平按下以備參稽而昭
慎重
新舊唐志楊上善黄帝内經太素三十卷
宋志僅存三卷宋史修於元其散佚當在南宋金
元間故自金元以降惟王履溯洄集一爲徵引餘
不多見今則中國並宋志所載三卷而亦不存此
書乃假楊惺吾氏所獲日本唐人卷子鈔本影寫
卷高七寸五分強弱每行十六七字不等計缺第
一第四第七第十六第十八第二十第二十一凡
七卷又殘卷一册共十三紙尾間有以仁和寺宫
御所藏本影寫字樣考日本森立之經籍訪古志
黄帝内經太素三十卷唐通直郎太子文學楊上
善奉勅撰注所缺凡七卷卷第與楊氏鈔本同下
注傳寫仁和三年舊鈔本按日本仁和三年當中
國唐僖宗光啓三年楊氏鈔本既據仁和寺宫御

图 3–1 《黄帝内经》书影

一、医学理论和诊断方法

民间有“中医治病治根本”的说法，这反映了中医问诊治疗的整体思想。中医将人的身体看作一个整体，将人与自然看作互动的关系，这是中医区别于西医的一大特色。这种整体思想来自于中医理论的指导，也作用于实际的诊断。

两汉时期出现了中医历史上非常重要的几部著作，分别是《黄帝内经》《神农百草经》和《伤寒杂病论》。[①]可以说，这三部书奠定了中医理论、方剂、药物诸学的基础。其中，《黄帝内经》记载的阴阳五行理论和脏腑经络理论是千百年来中医理论的基础。阴阳五行理论发源于商周，阴阳的记载见于《周易》《国语》，五行的记载见于《尚书》《国语》，战国时期的邹衍学派将这两种观念杂糅为一体，形成了阴阳五行学说。在汉代，阴阳五行学说比较受贵族的欢迎。受此社会风气的影响，《黄帝内经》认为人体中存在着阴阳五行的运转：一方面，身体器官分属阴、阳；另一方面，每个器官也可再细分阴、阳。人体只有实现阴阳的平衡，达到“阴平阳秘”，身体才会健康。器官之间可以用五行分类，也可用五行连接起来。例如，肝、胆、目、手、筋等器官都属木，情绪中的“怒”也属木；而在自然界中，酸味、青色、东方、春天属木。按照中医理论，我们可以推出保护眼睛要护肝、要多看青绿色的事物。脏腑经络理论认为，心、肺、脾、肝、肾这五脏生产、存储着人体生命活动的基本物质精、气、血、津液；胃、大肠、小肠、三焦、膀胱、胆这六腑消化着进入人体的食物，传递代谢废物。经络是运输气、血、津液的通道，人体就是通过经络连接分属阴阳的脏腑形成的一个系统。此后，历代的中医理论大致都是在阴阳五行和脏腑经络理论上发展起来的。随着魏晋以后中医理论的不断发展，禀赋体质学说、病因学说、养生学说等分支理论也逐渐形成了各自的体系。

今天我们一提到中医诊断方法，多数人都能马上说出“望、闻、问、切”四个字。其中，“号脉”是人们头脑里十分典型的中医形象，是中医极富特色的诊断方法。史书中记载的首位应用这种方法的医生是战国时期的扁鹊。据《史记·扁鹊仓公列传》记载，扁鹊在给人看病时分别使用“切脉”“望色”“听声”“写形”的方法。马王堆汉墓出土了3种关于诊脉的帛书，张家山西汉墓也出土了竹简《脉

① 参见俞慎初：《中国医学简史》，福建科学技术出版社1983年版，第49～54页。

书》。《黄帝内经》中已经大致提出了“望、闻、问、切”这四种方法。该书《素问》篇认为：“善诊者，察色按脉，先别阴阳；审清浊而知部分；视喘息，听音声，而知所苦；观权衡规矩，而知病所主。”意思是说，善于诊断的人，观察病人的气色、按压病人的脉搏，先分辨阴阳，通过脉象的清浊了解部分疾症，观察病人的喘息、听病人的声音来了解病人的痛苦，综合起来权衡就知道病人得的是什么疾病了。不过，《黄帝内经》中切脉的位置比较随意。

到了东汉，《难经》中明确提出要在“寸口”取脉。张仲景在《伤寒杂病论》中创立了“辩证诊治”的方法，要求将诊脉结果与病人的症状表现进行辩证分析。晋代王叔和在他的《脉经》中对先前的诊脉方法进行了总结[①]，创立了“寸、关、尺三部诊脉法”，将脉象分为24种，分述了各种脉象的特点，制定了不同的治疗方法。唐代孙思邈的《千金方》强调，号脉时需注意患者体质的差异。宋代以后，关于诊脉的歌诀、图画大量涌现，方便了医生对“切”的应用。

除切脉外，望诊方法中的“舌诊”（即日常所说的“看舌苔”，实际上还包括观察舌头的形状、颜色等）、给幼儿看病时观察食指纹络等方法在今天看来仍然很有特色。目前已知最早的有“舌诊”记载的医书出自马王堆汉墓，而纹络诊法则源自《黄帝内经》，诞生于隋唐时期。

二、从医者类别到医学分科

《周礼·天官》中列出了多个医生类别，如“食医”“疾医”“疡医”等，是目前已知中国最早的关于医学分科的记载。[②] 其中，“食医”负责管理各类食物，确保贵族饮食符合时令和荤素搭配 的原理；“疾医”负责治疗头痛、痒疥、虐寒、

① 参见湖南中医学院编：《中国医学发展简史》，湖南科学技术出版社1979年版，第40～42页。

② 参见俞慎初：《中国医学简史》，第26～27页。

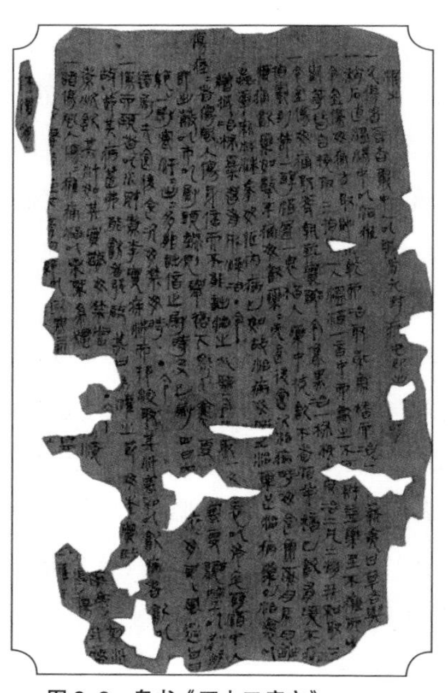

图 3-2　帛书《五十二病方》
（湖南长沙马王堆汉墓出土）

咳嗽；“疡医”负责治疗肿疡、溃疡、兵器伤和骨折。多数学者认为《周礼》是战国时期的作品，它所记载的制度可能仅是一种设计构想，但在一定程度上反映了现实。比较接近历史事实的一种推测是，战国时期已有诸侯国出现了负责专科疾病诊治的医生。

汉代的医学虽未有明确的分科，但从药方上我们大致可以看出，汉代医学家实际已经有了医学分科的意识，这在马王堆汉墓出土的帛书《五十二病方》中就有记载（见图 3-2）。该书共分 52 题，每题都是治疗一类疾病的方法，少则 1 ～ 2 方，多则 20 余方。书中提到的医方现存 283 个，用药达 247 种，病名有 103 个，范围包括内、外、妇、儿、五官等各科疾病。内科病在全书中所占比重不大，这也从一个侧面反映出了当时内科病的治疗水平。该书对“癃”（即淋病）的治疗处方大多仍在现今的中医临床上沿用。

虽然汉代以来的医书、医方都记载了各类疾病的诊治，但目前看来，明确显示出具有医学分科意义的确切记载出现在唐代。唐代太医署有体疗、疮肿、少小（儿科）、耳目口齿（五官科）和角法 5 个医疗学科。到了宋代，太医局下设的分科增多，出现了大方脉科、风科、小方脉科、眼耳科、疮肿兼折疡科、产科、口齿兼咽喉科、针兼灸科、金镞兼书禁科 9 科，各医科在宋代还出现了合并、删减等细节上的调整。元代的医科分类是大方脉杂医科、小方脉科、风科、产科兼妇人杂病、眼科、口齿兼咽喉科、正骨兼金镞科、疮肿科、针灸科、祝由书禁科。明代初期，太医院的分科是大方脉、小方脉、妇人、疮疡、针灸、眼、

口齿、接骨、伤寒、咽喉、金镞、按摩、祝由13科，后删去了金镞、按摩、祝由3科，增加了痘疹科。到了清朝中后期，医科又经历了多次调整，到清朝末年变为大方脉、小方脉、外、眼、口齿5科。

值得一提的是，“内科”“外科”的命名都发生在明代。“内科”一词来源于一部叫《内科摘要》的书，但明清官方仍使用“大方脉”一词称呼“内科”。“外科”的名字来自明代隆庆年间太医院分科的更名，其将旧有的“疮疡科”改称“外科”；清朝初年曾继续使用“疮疡科”的名字，后来改称“外科”。

中国古代的特殊医学主要是法医学。“法医”这一名称在古籍中尚未发现过，但司法检验的滥觞在先秦时期就已经出现。周代历史文献显示，当时的官员在审判案件时需查验创伤。《封诊式》等出土的秦汉简帛记载了多个涉及法医检验的案例，还出现了检验文书，表明这一时期已出现了检验分工。古代中国司法检验在宋代取得了重大发展。在这一时期，法律对进行司法检验的官员进行了明文规定，如州一级的司法检验由司理参军负责，县一级的司法检验由县尉负责，等等。“仵作”在五代时期已经有了记载，在宋代开始参与司法检验。今天人们比较熟悉的宋代司法官是宋慈，他的《洗冤集录》流传后世，是目前已知中国最早的以检验方法为主要内容的书籍，被当代学者视为古代中国司法检验走向成熟的重要标志。元明清时期，中国的司法检验方法得到了进一步的发展。①

三、丰富多彩的少数民族医学

中国是一个多民族的国家，许多少数民族在历史上发展出了各具特色的医学，其中的一些诊断方法、药物资源被人们使用各种文字记录了下来。据学者

① 参见贾静涛：《中国古代法医学史》，群众出版社1994年版，第234～238页。

统计，藏族、蒙古族、维吾尔族、傣族、壮族、苗族、瑶族、彝族、侗族、土家族、朝鲜族、回族、哈萨克族、畲族、布依族、仡佬族、拉祜族、水族这 18 个少数民族都保留了古代的医学著作。[①] 例如，藏族保存了《四部医典》《月王药诊》,蒙古族传承了《甘露四部》《蒙药正典》,维吾尔族保留了《注大医典》《拜地依药书》,傣族传承了《档哈雅》(在傣语中的意思是“医药书”),彝族保留了《献药经》，等等。

中国少数民族医学的发展具有比较明显的地域特色。不同少数民族医学擅长诊治的病症具有地域特征，如古代的蒙古人多数过着游牧生活，蒙古勇士善骑射，因此蒙医对跌打骨折的治疗就比较有经验；又如古代西南地区气候潮湿，因此西南地区的少数民族医学对肠胃疾病、蚊虫叮咬、关节骨病的治疗就比较有经验。各民族医学的发展不是封闭的，而是不断交流融合的。少数民族医学和汉族医学在各自的发展过程中都保持了开放的心态，互相取长补短。

中国历史上出现过少数民族在中原建立起来的封建王朝，这些王朝中少数民族（包括经过历史融合现在已经消失的古代少数民族）的名医和医学成就也是少数民族医学研究的重要内容。例如，辽朝有名医迭里特、直鲁古、耶律敌鲁、耶律庶成，元朝有名医耶律楚材、答里麻、忽公泰，等等。

藏医学是基于藏族人民在长期的实践经验中形成的一套自成完整体系的传统民族医学，是我国医学的重要组成部分。藏医起源于藏族原始苯教祈禳治疗的巫医行为，一般认为苯教创始人辛饶米沃是最早的藏医，其子杰布楚西继承并发扬了其父的医学，被尊为“藏医祖师”。

早在 4 世纪时，印度医学家碧琪和碧腊玛便进入西藏传播印度医学，而中原医学随后也传入了高原，尤其是唐朝文成公主和金城公主入藏时携带了大量中原医书，这对藏医的发展产生了重大的影响。受印度医学与中原医学的双重

① 参见诸国本:《民族医学——中国少数民族的传统医学》,《亚太传统医药》2005年第1期。

影响，藏医自成一套独立的体系。藏医认为人体存在三大基本元素、七大物质和三大排泄物。三大基本元素是“隆”“赤巴”“培根”，这类似古印度医学“阿育吠陀”中关于风、胆、痰的“三病素说”，又与中医的五行学说有着千丝万缕的联系。“隆”相当于中医的“气”，是维持生命活动的动力；“赤巴”对应五行中的“火”，是维持内脏运作的动力；“培根”对应五行中的“土”和“水”，是维持体液运动的动力。这三种元素在人体内协调并存则身体健康，如果失衡就会有疾病发生。七大物质是饮食精微、血、肉、脂、骨、髓、精，三大排泄物是尿、汗、粪。

《四部医典》 8世纪，宇妥宁玛·云丹贡布汲取中印医学的精华，总结藏族人民丰富的行医治病经验，撰写了享誉中外的藏医学巨著《四部医典》。《四部医典》被誉为“藏医药的百科全书”，它标志着完整意义上的藏医学体系正式形成。此书共分4部177章，内容丰富，资料翔实，无论是基础的医学理论还是各种临床实践均有涉及。书中收录的有关藏医人体解剖、胚胎术、养生术以及放血、火灸等外科治疗方法都极具藏族特色（见图3–3）。

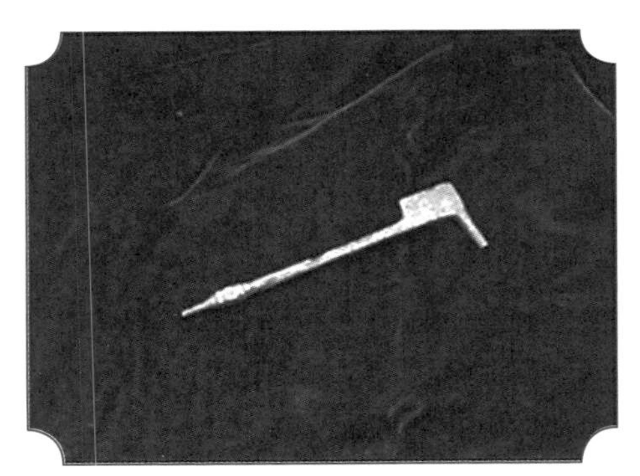

图3–3 明代藏医使用的针灸器具
（北京中医药博物馆藏）

继云丹贡布之后，最著名的藏医学家是第司·桑结嘉措（1653～1705年）。桑结嘉措出身贵族，从小就受到了良好的教育，对藏医学有着很高的造诣。1689年，他完成了对《四部医典》的释论《蓝琉璃》一书。这本书提出了许多符合现代科学理论的观点，如人体构成的“四因五大种”理论（类似现代细胞学理论的观点）以及胚胎产生的“龟、鱼、猪三期论”（类似达

尔文的胚胎论观点）。[①]

《藏医史》 1703年，桑结嘉措的《藏医史》问世，介绍了自传说时代至五世达赖时期藏医的发展，是权威性的藏医史著作。此外，桑结嘉措在普及藏医知识、推动其广泛传播方面做出了巨大贡献。他绘制了一套藏医学挂图（共80幅），生动形象地展示了藏医学几乎全部的内容，这在医学史上可谓是前所未有的壮举。藏医学挂图不仅是桑结嘉措对藏医学发展传播的重大贡献，更是藏族人民的智慧结晶。

四、层层累进的中医药物学著作

《神农本草经》 该书是对战国至秦汉以来药物学知识的总结，至东汉时期方整理成书，是我国现存最早的药物学著作。其已亡佚，现仅存辑佚本，共3卷。《神农本草经》收录药物365种，并按照上、中、下三品的分类方法进行划分，三品分类法以延年益寿功效和毒性大小为划分标准，这些均是神仙方术学说的体现。除三品分类之外，该书还将药物分为玉石、草、木、人、兽、虫、鱼、果、米谷、菜10类，开创了药物分类之先河，为后世药物学著作的撰写提供了范例，对后世药物学的发展产生了深远的影响。此外，书中还讨论了治疗疾病和药物配伍等问题，因此具有较高的医用指导价值。

《本草经集注》 南朝梁代陶弘景的《本草经集注》是继《神农本草经》后又一次对药物学的系统总结。陶弘景（456～536年），字通明，丹阳秣陵（今江苏南京）人，南朝著名的医学家、文学家。《本草经集注》早已亡佚，现存版本为敦煌残本。《神农本草经》因受神仙方术的影响而谨守“365”这一术

① 参见洪武娌编：《中国少数民族科学技术史丛书·医学卷》，广西科学技术出版社1996年版，第143～149页。

数，故收录的药物十分有限。随着后世医学的不断发展，药物学急需一次重新总结，陶弘景的《本草经集注》就是在此背景下产生的。该书增补了《名医别录》中的365种药物，并与原有药物以红、黑笔迹相别，合计730种。该书共7卷，继承并发扬了《神农本草经》的药物分类法，根据药物属性和主治疾病将这730种药物分为草、木、米食、虫兽、玉石、果菜和有名未用7类。此外，陶弘景还创立了以主治疾病为中心的分类法，即根据病症治疗所需将相关药物进行分类汇总。受时代所限，该书以江南地区的药物学知识为主，有一定的局限性。

《新修本草》 该书诞生于隋唐时期，是我国第一部官方药典。《新修本草》又名《唐本草》，共54卷，收录药物850种，增补新药114种，其中包括一些西方药物。该书的编纂工作由苏敬（生卒年不详，活动于7世纪）主持，长孙无忌等20余人参与纂修，历时3年，于659年成书。该书颁布后通行全国，对我国药典学的发展起到了推动和示范作用。

《证类本草》 到了宋代，我国药物学的发展进入了一个辉煌的时期，其代表就是唐慎微（约1056～1136年）的《证类本草》。该书共31卷，增补药物660种，共计1746种，分为玉石、草、木、人、兽、禽、虫鱼、果、米谷、菜、有名未用等13类。《证类本草》本为唐慎微私家编修，后得到官方重修，成为了宋代最重要的药典著作。此书是集北宋以前本草学之大成的本草学著作，代表了宋代药物学的最高成就。由于它高水平的学术价值和应用价值，流传甫始就引起了朝野各方面的重视。北宋朝廷后来又将此书校刊增订为《大观本草》《政和本草》《绍兴本草》等，作为国家药典颁行全国。

《本草纲目》 李时珍的《本草纲目》（见图3–4）系统总结了明朝中期以前的药物学知识，是我国药物学发展史上最辉煌的巨著。

李时珍（1518～1593年），字东璧，自号濒湖山人，湖北蕲州人。李时珍祖孙三代行医，是不折不扣的医学世家。李时珍早年热衷于科举考试，三次应

试不中后放弃仕途，转而专心研究医学，从此走上了行医著述的道路。经过长期的行医游历，李时珍积累了大量的实践经验，他发现前代本草书目中存在一些错误，并且缺少对新发现药物的总结收录。1552 年，李时珍凭借科举考试时期积淀的文字基础，以宋代唐慎微的《证类本草》为蓝本，结合诸多前代本草书籍，辨误补遗，加上自己的游历考察，前后耗时 29 年，于 1578 年完成了这部医药学旷世巨著《本草纲目》，1596 年由金陵书商胡承龙正式刊行。

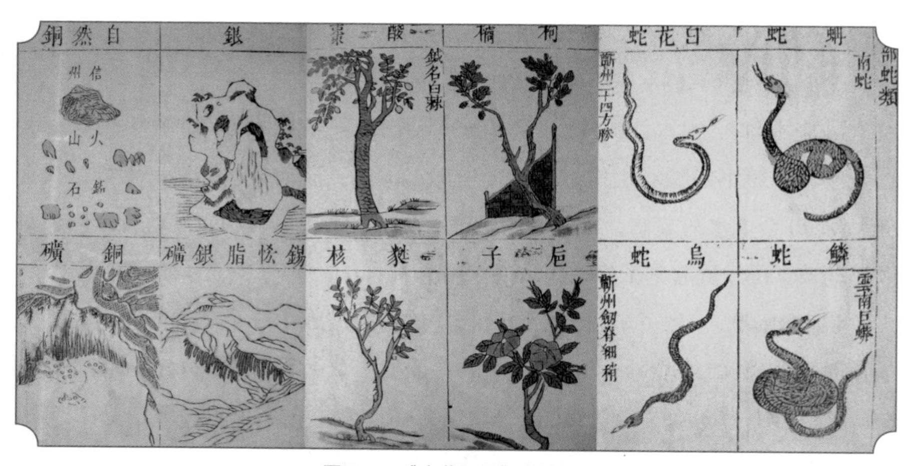

图 3–4　《本草纲目》中的插图

《本草纲目》共 52 卷，分水、火、土、金、石、草、谷、菜、果、木、服器、虫、鳞、介、禽、兽、人 16 部，又以此 16 部为纲分为 62 目。本书收录药物 1892 种，载入药方 11096 个，合计 190 万字。此外，书中配图 1160 幅，生动形象地展示了药物的性状和特征。本书对每种药物的名称、形态、炮制、功效等均进行了详尽的介绍，分为校名、释名、集解、正误、修治、气味、发明、附录、附方等多个项目。

李时珍在编写《本草纲目》时不仅局限于书本古籍，还身体力行，亲身实践。他出游了湖北、湖南、江西、安徽、江苏等地的名川大山，旨在辨别药物的正

误和效用。也正是因为如此,《本草纲目》纠正了很多前代本草书籍的讹误。例如,“虎掌”实际上就是“天南星”,主治恶痢冷漏疮、恶疮疠风,而前代本草误以为二者不同。李时珍的《本草纲目》不仅是一部医药学巨著,还包含了丰富的自然科学知识,涉及矿物学、化学、生物学、遗传学等诸多科学领域,记载了诸如方解石等矿物晶体的性状和辨识方法,金属、氯化物、硫化物等诸多化合物以及蒸馏、结晶、沉淀、干燥等实验方法一类的知识。《本草纲目》还打破了炼丹术和本草的界限,收录了许多炼丹方术,如水银的提取等。在生物遗传方面,书中谈到了环境对生物的影响以及生物的遗传变异问题,如达尔文曾引用过的金鱼颜色形成问题等。

值得注意的是,《本草纲目》中对虫、鳞、介、禽、兽、人的分类法已经涉及自然生物演化的顺序问题了。至于植物分类的方法,李时珍比瑞典植物分类学家林奈早了200多年。《本草纲目》是对16世纪之前中医药物学的一次系统总结,已被翻译成日、朝、英、法、俄等多国语言,被认为是享誉世界的博物学巨著。

随着时间的推移和中外交流的深入,不断有新药物被发现和传入中国。清朝中期的赵学敏(约1719～1805年)对《本草纲目》进行了增补,完成了《本草纲目拾遗》。该书增补药物716种,并对《本草纲目》进行了辨误更订,是清代重要的药物学著作。值得注意的是,该书对鸦片的危害作出了明确的说明提示,可惜并未得到人们的重视。[①]

五、保健与养生术

中国传统医学除了治疗疾病外,还讲究强身健体、预防疾病。保健和养生学说是我国传统医学的重要组成部分。“养生”一词最早见于道家著作《庄子》。

① 参见甄志亚主编:《中国医学史》,上海科学技术出版社1984年版,第186～191页。

中医的养生学说深受古代儒、释、道思想及神仙方术的影响。中国古代的养生术有很多，其中比较重要的是以下几种：

辟谷术　辟谷又称“却谷”，即不食五谷。辟谷养生术起源于先秦时期，《庄子·逍遥游》中即有与此相关的记载；马王堆汉墓出土的帛书中有《却谷食气》，专门介绍了辟谷的调理方法。辟谷分“服气辟谷”和“服药辟谷”两种：服气辟谷是像乌龟一样吐纳龟息，调整气息绝食不吃，其科学原理尚有待研究；服药辟谷是不吃五谷但摄入杂食草药。辟谷之法在古代十分流行，古籍中记载了很多通过辟谷食气而延年益寿的例子，如《旧唐书·潘师正列传》中的潘师正只吃松叶、饮清泉，活到98岁。正确的辟谷能清除体内毒素，调节身体机能，提高免疫力，在一定程度上能达到强身健体、延年益寿的目的，但辟谷不是一味地绝食，必须采取科学合理的方法。

图3–5　帛书《导引图》墨线复原图（湖南长沙马王堆汉墓出土）

导引术　导引术起源于先秦时期，旨在用躯体运动的方式祛病健体，因此又有“医疗体育”的称谓。受神仙方术和道家的影响，导引术在汉代大为流行。湖南长沙马王堆3号汉墓中出土过《导引图》（见图3–5），图中绘制了许多用于祛病的人体动作。东汉末年华佗发明的“五禽戏”就是导引术的杰出代表。隋朝太医令巢元方为导引术的发展做

出了突出贡献，其著作《诸病源候论》中记录了养生方和导引术289条，对医学导引术的推广起到了积极的作用。随着导引术的不断发展，大量新式导引术被总结发明出来，如“六字诀”“八段锦”等。导引术在后世逐渐被归入气功的行列，即气功中的“导引派”。修炼气功可以强身健体，因此导引术至今仍受到人们的推崇。[①]

食气　食气是通过特殊的呼吸方式实现养生保健的方法，又称“吐纳”。食气之法起源很早，湖南长沙马王堆3号汉墓出土的文献《却谷食气》中就有对“调息之法”的介绍。食气之法往往与辟谷联系在一起，即“服气辟谷”，通过食用无形之气来维持生命。食气之法在后世也逐渐被归入气功的行列，即气功中的“静功”。

食疗　食疗是通过调节日常饮食实现养生保健的方法。中国古代的食物与药物均是动植物，所谓“药食同源”，它们都有各自的属性功效，因此食疗之法在一定程度上可以弥补药物治疗的缺陷。马王堆汉墓出土的医书中就有关于“服食健身”的记载。东汉张仲景（约150～219年）在治疗伤寒时用热粥以助药力。唐代孙思邈（581～682年）所著的《千金要方》专设“食治”一卷。元代太医忽思慧在1330年编撰的《饮膳正要》一书以人的日常饮食为研究核心，是我国古代第一部营养学专著。[②]《饮膳正要》不仅论述了饮食治疗与卫生的关系，还对妊娠食忌、食物中毒的解救等作了详细阐述，共收载药物300余种，比较全面地反映了元代宫廷与民间饮食的特点和烹饪制作方法。

中国古代的养生保健术还有很多。因养生保健术在强身健体、预防和治疗疾病方面有着不错的效果，故被当代医学所广泛沿用和推广。

---

① 参见傅维康主编：《中国医学史》，上海中医学院出版社1990年版，第48～49页。

② 参见李经纬、程之范主编：《中国医学百科全书·医学史》，上海科学技术出版社1987年版，第177页。

六、砭石、灸具与拔罐

中国传统医学博大精深，医疗器械也随着中医的发展而不断进步。中医常常被误认为就是喝汤药，这是很片面的。中国传统医学的发展也伴随着诸多医疗器械的发明。

砭石 砭石即能治病的石头，最早出现在《黄帝内经》中，而运用砭石治病的医术称为“砭术”。砭术是中医的六大医术（包括砭、针、灸、药、按跷和导引）之一，是中国传统医学的重要组成部分。

砭石是最早的中医医疗器械，它大约诞生于久远的石器时代。[①]砭石的制作较为简单，一般只需要打磨即可。经过打磨过的砭石锋芒尖锐，其用法有刮、擦、刺、按、熨等等。利用砭石可以刺激穴位，甚至实现放血和开刀排脓。砭石一般被认为是外科针具和外科刀具的前身。

砭石以“泗滨砭石”的疗效为最佳。泗滨砭石又称“泗滨浮石”或“泗滨浮磬”，唐代大儒孔颖达说：“石在水旁，水中见石，似若水中浮然，此石可以为磬，故谓之浮磬也。”[②]

灸具 “针灸”一词是针法和灸法的合称，二者相辅相成，常常一起使用。在《黄帝内经》中就记载了针灸工具——九针（见图 3-6）。[③]九针包括镵（chán）针、员针、鍉（dī）针、锋针、铍针、员利针、毫针、长针和大针。九针的用处各不相同，其中毫针就是常见的刺针，员针则是按摩用具，铍针是外科刀具。[④]因此，

① 参见徐又芳：《中国的针灸》，人民出版社 1987 年版，第 1 ～ 4 页。

② 杨明照：《抱朴子外篇校笺》，《新编诸子集成》本，中华书局 1997 年版，第 636 页。

③ 参见路甬祥主编：《走进殿堂的中国古代科技史》（中），上海交通大学出版社 2009 年版，第 31 页。

④ 参见甄志亚主编：《中国医学史》，第 29 ～ 31 页。

九针并不是简简单单的针具，而是功能丰富的外科医疗工具，是我国古代人民智慧的结晶。

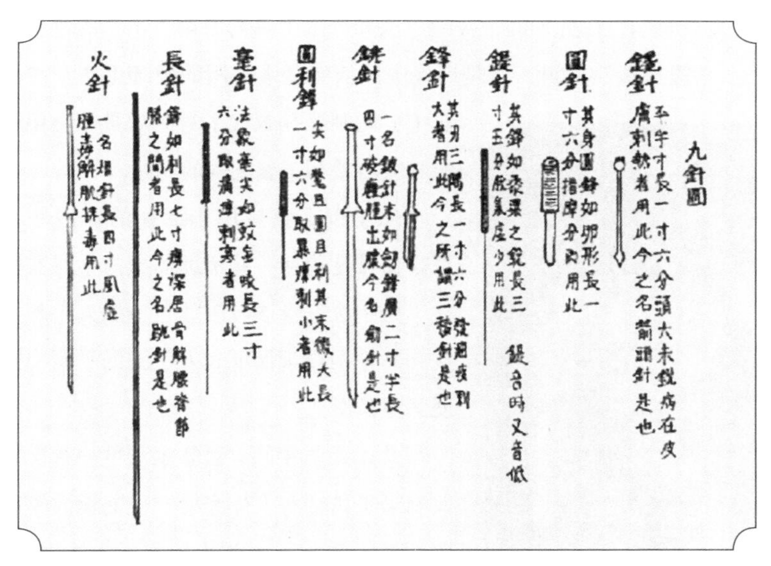

图 3–6 《黄帝内经》中的九针图

灸法治疗需要用到灸具。原始的灸法是燃烧艾叶。随着灸法的进步，“艾炷”和“艾条”等灸具被相继发明出来。艾炷就是手工制作的艾绒小团，形状分圆锥形、牛角形和纺锤形，以圆锥形最为常见。小型艾炷一般采取直接灸的方法，中、大型艾炷则采取间接灸的方法，常见的如“隔盐灸”。艾条就是将艾绒卷成条状，故也称“艾卷”。艾卷一般采取“温和灸”或“雀啄灸”的方法，即在皮肤附近不断远近移动点燃的艾条。

拔罐　拔罐，又称“吸筒”或“角法”，是利用燃烧等方法使角罐内产生空气负压从而吸附于皮肤之上，形成局部充血或瘀血，从而达到舒筋活络、治病健体的效果。目前，中国关于拔罐的最早记载见于马王堆汉墓帛书《五十二病方》中，此时的“罐”还是用兽角制成的。隋唐时期，拔罐工具出现了突破性的发展，

竹制罐具的发明使得拔罐成本大大降低，促进了拔罐疗法的推广和使用。至宋元时期，竹制罐具已经基本取代了兽角制罐具而成为了拔罐的主要工具。清代是拔罐疗法的黄金时期，在此期间，拔罐手法和拔罐工具均取得了不小的进步：在拔罐手法上，“投火法”问世，这是现代中医依然经常采用的拔罐手法；在拔罐工具上，陶制罐具取代了竹制罐具，避免了竹制罐具吸力差和干裂漏气的问题。[①]

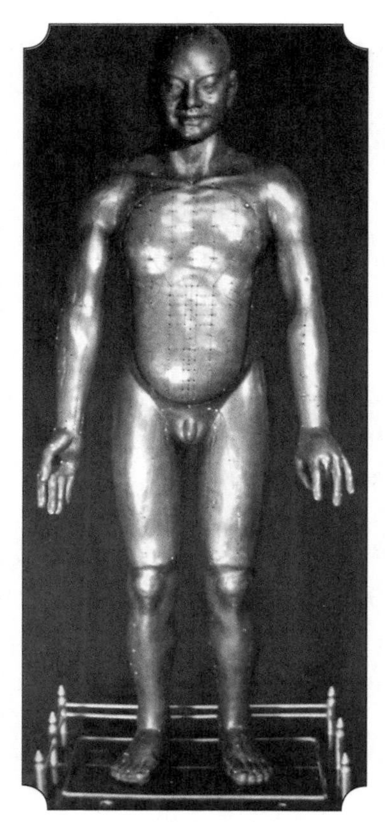

图 3–7　宋代天圣铜人复原件

除了以上直接用于治疗的器械外，中医医疗器械还包括一些辅助器械与学习器械。“脉枕”是中医进行诊脉时放置于病人手腕下的小枕，其作用在于保证病人手腕的平衡稳定，方便医生诊脉。

北宋天圣年间，医学家王惟一首次设计并监制了工具刻有人体经络穴位的铜人模型（见图 3–7）。这一针炙铜人与实际人体大小相近，外壳可以拆卸，胸背前后两面可以开合，胸腹腔能够打开，腔内五脏六腑都可摸得着、看得见，且器官位置、大小、形状比例都较逼真，同时以黄蜡涂封铜人表面，其内注水（一说水银）。如取穴准确，针入而水流出；取穴不准，则针不能入。铜人的设计十分巧妙，对初学者学习中医经络有很好的帮助作用，长期受到国内外医学界的重视。

① 参见徐又芳：《中国的针灸》，第 12 ～ 13 页。

七、望闻问切四诊法与针灸疗法

望闻问切四诊法 望闻问切四诊法是战国时期的名医扁鹊（见图 3–8）在前人诊断经验的基础上结合自身行医实践，归纳整理而成的中医基本诊断方法，即望诊、闻诊、问诊和切诊。望闻问切四诊法就是利用以上四种方法用感官直接收集疾病的信息，医生将信息进行分析归纳，利用基础的医疗理论作出疾病属性、程度、位置等问题的判断。

图 3–8 扁鹊行医图（山东微山两城山出土汉画像石）

望诊是通过视觉手段获取疾病信息，主要是观察病人的形态和神色以及排泄物。观察病人的面色光泽、体态精神以及舌苔舌质是望诊的主要手段，其中舌诊逐渐演化成为一种专门的诊断方法。舌质能体现五脏的状况，舌苔能反映外邪侵体的程度，舌象能够及时地反映身体机能的变化。因此，望诊往往能够

迅速判断症结之所在。闻诊是通过听觉、嗅觉获取疾病信息，主要是体察病人的声音和口鼻气味从而辨别疾病的虚实程度。问诊是通过言语询问的方式获取疾病信息，内容包括主观体征、发病经过、治疗过程以及家族病史等。切诊是通过触觉手段获取疾病信息，包括手触骨头关节、肌肉皮肤等等。切诊最重要的方法是切脉，即用手指切触病人的腕部寸口，依据脉搏反映的位置、快慢、强弱、节奏等信息去分析疾病的发展变化。望闻问切仅仅是信息的收集和汇总，只有将所有信息归纳整理并依据阴阳五行、经络肌理等基础医疗理论加以分析判断才是完整意义上的“四诊”。

针灸疗法 针灸是采用针刺艾灸的方法，通过经络和腧穴的传导作用来调节气血治疗疾病的中医独创医疗方法。针灸包括针法和灸法，针法即将针具依据中医理论刺入病人体内，通过提插和捻转等方式对穴位加以刺激的医疗手法。灸法即在人体穴位处灼烧、熏烫灸草或灸炷从而达到热刺激的医疗手法，其中灸草以艾草最为常见，故又俗称“艾灸”。①

图 3–9 皇甫谧像

针灸疗法的起源可以追溯到远古人类放血和热敷的原始治疗方法，而其相关记载最早见于《黄帝内经》。《黄帝内经》中提出了完整的经络体系，并对针灸手法及禁忌问题作了具体介绍。晋朝医学家皇甫谧（215 ~ 282 年，见图 3–9）发扬了针灸疗法，完成了我国现存首部针灸学专著《黄帝三部针灸甲乙经》，简称《针灸甲乙经》。该书将针灸与腧穴结合起来，对于针灸

① 参见徐又芳：《中国的针灸》，第 5 ～ 12 页。

疗法在理论和实践两个方面都作了相对完整的描述，皇甫谧亦被尊为“针灸鼻祖”。明代是针灸疗法的鼎盛时期，涌现了大量针灸学著作，其中以杨继洲（约1522～1620年）的《针灸大全》最负盛名。该书总结了前代针灸治疗经验，归纳了针灸的基本操作手法，对穴位释名和部位进行了全面的考究并且收录了诸多针灸歌谣，是我国古代针灸学的一次重要总结。

八、五禽戏与导引术

五禽戏是东汉末年医学家华佗依据古代中医导引术原理，结合虎、鹿、熊、猿、鸟这五类动物的动作和神态编排整理而成的一套医疗体操（见图3–10）。[①] 导引术起源于先秦时期，是古代中医养生术的一种，旨在用躯体运动的方式祛病健体，因此又有“医疗体育”的称号。受神仙家和道家的影响，导引术在汉代大为流行，导引行气的方式被用于膝盖关节、腹部耳目等疾病治疗。此时的导引术主要以祛病为主。直到华佗五禽戏的发明，才标志着完整意义上的导引术的出现。

图3–10　五禽戏图

华佗（145～208年），字元化，一说名旉，沛国谯（今安徽亳州）人，东汉末年扁鹊学派的重要代表。华佗模拟虎、鹿、熊、猿、鸟的动作，如猛虎前肢扑动、雄鹿扭动头颈、巨熊伏倒站起、猿猴踮脚纵跳、鹤鸟展翅高飞，将其

① 参见李经纬：《中医史》，海南出版社2007年版，第72～73页。

编排成虎戏、鹿戏、熊戏、猿戏、鸟戏五种导引术。华佗的弟子吴普时常操练五禽戏，年过九十依然耳聪目明，丝毫没有牙齿脱落的迹象。因此，五禽戏有着不错的强身健体，祛疾医病的效果。据现代医学研究表明，五禽戏能够舒展关节和放松肌肉，并对肺与心脏功能的改善有着不错的效果，合理的肢体运动提高了心肺供氧量，增强了其排血力从而使身体器官能得到健康的发育。

受五行学说的影响，五禽戏的五禽与五行、五脏有着密切的联系：虎戏刚中有柔，五行属水，对应肾脏，练习虎戏可填精益髓，强腰健肾;鹿戏体态轻松，五行属木，对应肝脏，练习鹿戏可舒筋活血，疏肝理气;熊戏浑厚稳重，五行属土，对应脾胃，练习熊戏可增强体力，健脾养胃;猿戏轻盈灵活，五行属火，对应心脏，练习猿戏可舒展肢体，强身护心；鸟戏昂然挺拔，五行属金，对应肺脏，练习鸟戏可调气通络，增强呼吸。五禽戏的每一种导引术都有其对应的功效，因此，操练五禽戏不仅可以治疗疾病，还可以强身健体。

华佗五禽戏发明后主要以操练教授的方式进行传承。而今可见最早的五禽戏动作描述记载见于南朝梁医学家陶弘景所著的《养性延命录》。此后各代医学家、养生家因师传之变异，或依据五禽戏基本原理不断发展演化，编排了诸多五禽戏套路。尽管各家动作有异，侧重点亦不同，但万变不离其宗。其中记载五禽戏动作的突出代表的有明代周履靖的《夷门广牍·赤凤髓》、清代曹无极的《万寿仙书·导引》和席锡蕃的《五禽舞功法图说》。进入 21 世纪后，作为中国最早的较为完整的仿生体操，五禽戏在全国得到了推广。2011 年 5 月 23 日，五禽戏被列入第三批国家级非物质文化遗产名录。

第四章 发达的地理学

地理学在中国的出现和发展至少有2000年的历史。地理知识是在古代劳动人民认识自然、利用自然和改造自然时发现并运用起来的。古人通过长期的地理考察和地理观测获取了大量的地理知识和地理经验，这些智慧结晶呈现到书帛上就是以《山海经》《禹贡》《管子》为代表的早期地理学著作。这些著作现在看来稍显简略粗浅，但它们是古人对当时生活的世界进行探索和认识的结果，对后世地理学科的发展完善产生了重要的影响。战国以降，统一的多民族国家的逐步形成为地理学科的进一步发展提供了良好的社会环境。《史记·货殖列传》《汉书·地理志》《水经》等地理学著作的问世，是古人对地理分区、经济地理、陆地水文地理等地理知识的研究和总结。魏晋南北朝是人口大迁移和民族大融合时期，也是地理考察的活跃时期。频繁的地理考察和地理观测推动了地理学的大发展。水文名著——郦道元的《水经注》问世，舆地学的绘图体例——裴秀"制图六体"的提出，大量的地方志和地方注记如《畿服经》《洛阳伽蓝记》开始出现。隋唐时期是我国古代国家繁荣昌盛时期，地理学也取得了不少成就。僧一行主持了世界上第一次子午线测量，现存第一部地方总志《元和郡县图志》问世，巨幅地图贾耽的《海内华夷图》绘制，玄奘西行写下《大唐西域记》，这些都是当时地理学成就的代表。宋元时期是中国古代地理学科发展的重要时期，沈括的《梦溪笔谈》、乐史的《太平寰宇记》、朱思本的《舆地图》、马可·波罗的《马可·波罗游记》等著作在地形学、地方志、舆地学和中外交流上都是标志性著作。明清时期是我国传统地理学科开始总结并与西方近代地理科学开展交流的历史时期，《徐霞客游记》是地理地形学的重要之作，《大清一统志》成就了地方志编纂的巅峰，《皇舆全览图》是中西地理科学交流的舆地学结晶，郑和下西洋则是中国人谱写下的中外交流的辉煌篇章。

中国古代地理学是我国古代人民智慧的结晶，是我们珍贵的历史遗产。西方古代地理学时断时续，学出多家。与之形成鲜明对比，中国传统地理学绵绵悠长，成果丰硕，在世界文明史上独具特色。

一、区域划分学说与地形学

中国古代的区域划分学说可以追溯到古书《禹贡》的九州说，即将中国分为冀州、兖州、青州、徐州、扬州、荆州、豫州、梁州和雍州九个州。“九州”的观念深入人心，成为中国古人认识理解周围生活世界的一部分，对中国历史上的行政区划产生了深远的影响。

西汉时期司马迁的《史记・货殖列传》从经济地理角度对我国区域进行了划分。司马迁根据各地经济物产，将全国划分为四大区：江南区、山东区、山西区和塞北区。江南区以长江为界，山东区、山西区以太行山脉为界，塞北区以长城和龙门碣石一线为界。每个大区下又分几个经济小区。司马迁对每个大区的地理条件、经济物产、风土人情都进行了描述，并对各区域的经济交往和经济条件进行了比较研究。《货殖列传》所体现的知识系统是对战国汉初经济地理的总结，史念海先生称其为“历史地理学的区域经济地理的创始”。

东汉时期班固的《汉书》之《地理志》则开创了中国古代疆域地理分区研究的先河。这是中国古代第一次以“地理”命名地理学纪传体史学专论，为后世各代编修疆域地理区划著作提供了范例。《汉书・地理志》分为三个部分：一是叙述自黄帝至汉初的疆域变迁；二是介绍汉代地理区划；三是阐述各区的区域特点。班固以汉平帝元始二年（2 年）的地方行政建制为纲，将全国划分为 13 州部，然后依次记录了 103 个郡国及所辖的 1587 个县、道、侯国的建置沿革、矿石物产、名人古迹、山川人口。这种分区方法以疆域政区为核心，将各地区的经济人文地理和自然地理收录其中，通过政区来体现各区的联系和特点。班固的《汉书・地理志》记载内容丰富翔实，体例完备，受到了统治者的推崇和支持。尽管此后历代疆域政区时有变异，但此后历代正史《地理志》大多仿照该书体例著书立作。《汉书・地理志》既是两汉时期地理知识的总结，又对后世

的地理学著作的发展产生了深远的影响。

古代气候区域划分可见于明代冯应京《月令广义·方舆高下寒热界》中对《内经释》的引用。该书将中国南北、东西各分为3个气候带。其中南北分别以长江、平遥为界，东西以汧源、开封为界。这实际上就是粗略地按照纬度和地势高低的标准进行划分的。尽管该书对于西部的划分相对粗糙，但是这毕竟是我国古代最早相对细致的气候区域划分记载。

地形是构成地理环境的基本要素之一，地形学也是我国传统地理学的重要组成部分。古人很早就对地形有了认知和分类，如《管子·地员》便记载了15种丘陵和5种山地。军事战争的需要也促进了中国古代地理地形学的发展，如《孙子兵法》中的《地形》和《九地》便对地形类别和作战方法进行了专篇论述。随着古代地理知识的日益丰富，地理学科的逐渐形成，地形分类也不断走向完善，逐步走向了专门化，在宋代任昉等编纂的大型类书《太平御览》中对于山地、平原的分类达到了27种。

流水对地形有着重大的影响，古人对此早有认识。流水沉积和侵蚀时刻影响着地形变化，相关记载可见于《尔雅》《汉书·沟洫志》等文献典籍中。宋代沈括提出华北平原是黄河流沙沉积而成和雁荡山巨石是流水侵蚀而成的观点，这些观点都是科学正确的。清代孙兰将流水侵蚀和沉积统一起来，提出了“变盈流谦”理论，比西方台维斯“地理循环论”的提出早了200多年。

喀斯特地形即岩溶地形是一种特殊地形地貌，最早见于《山海经》《楚辞》中有关溶洞、峰林等地形地貌的记载。随着历史的发展和时代的进步，古人地理考察的范围越来越广阔，地理知识逐步积累，古人对喀斯特地形的认识不断深化，唐代苏敬提出石笋和石钟乳可以连成石柱的说法，宋代范成大提出，桂林的峰林地形最多，为天下第一。明代徐霞客对喀斯特地形的研究最为系统，其著作《徐霞客游记》对喀斯特地形进行了分类并指出其地域性差异，比西方爱士倍尔所提出的喀斯特地形理论早了1个世纪。

二、舆图学

由于政治和军事的要求，古代地图在春秋战国时期就已经得到广泛使用了，但由于时间久远大都已遗失。今能见到的早期地图大多是汉朝时期制作的，这些地图绘制十分不规范，没有统一的制作规范，标示也不甚准确。这种现象在晋朝出现了转机。

制图六体 裴秀（224 ～ 271 年），字季彦，河东闻喜（今山西闻喜）人，晋朝著名地图学家。裴秀出身大族，自幼受到良好的教育，进入仕途后常常参与处理军政大事，因此见到诸多地图。裴秀有感于前代地图简陋多误等缺陷，便召集门客绘制了《禹贡地域图》和《地形方丈图》。尽管二图均已亡佚，但是裴秀在绘图过程中总结出的绘图原则——“制图六体”有幸流传下来。制图六体：一为“分率”，即比例尺；二为“准望”，即方位；三为“道里”，即距离；四为“高下”，即相对高程；五为“方邪”，即地面坡度起伏；六为“迂直”，即实地高低起伏与图上距离的换算。制图六体基本上阐明了地图绘制的基本原则，为此后中国地图制作奠定了理论基础，裴秀也因此被认为是我国传统地图学的创始人。[①]

《海内华夷图》 唐代地理学家贾耽（730 ～ 805 年）继承了制图六体的精神，从兴元元年（784 年）至贞元十七年（801 年）绘制了《海内华夷图》（见图 4–1）。[②]该图绘制了海内域外部分，规模巨大，历时 17 年才最终完成。本图最大的贡献在于确定了“古墨今朱”的标识方法，即古地名用墨笔书写，今名改用朱笔，

---

① 参见赵荣：《中国古代地理学》，商务印书馆 1997 年版，第 41 ～ 44 页。

② 参见路甬祥主编：《走进殿堂的中国古代科技史》（上），上海交通大学出版社 2009 年版，第 120 页。

这样既防止了古今混淆，又实现了古今地名的对照，是传统地图学上的一大创举。[①]

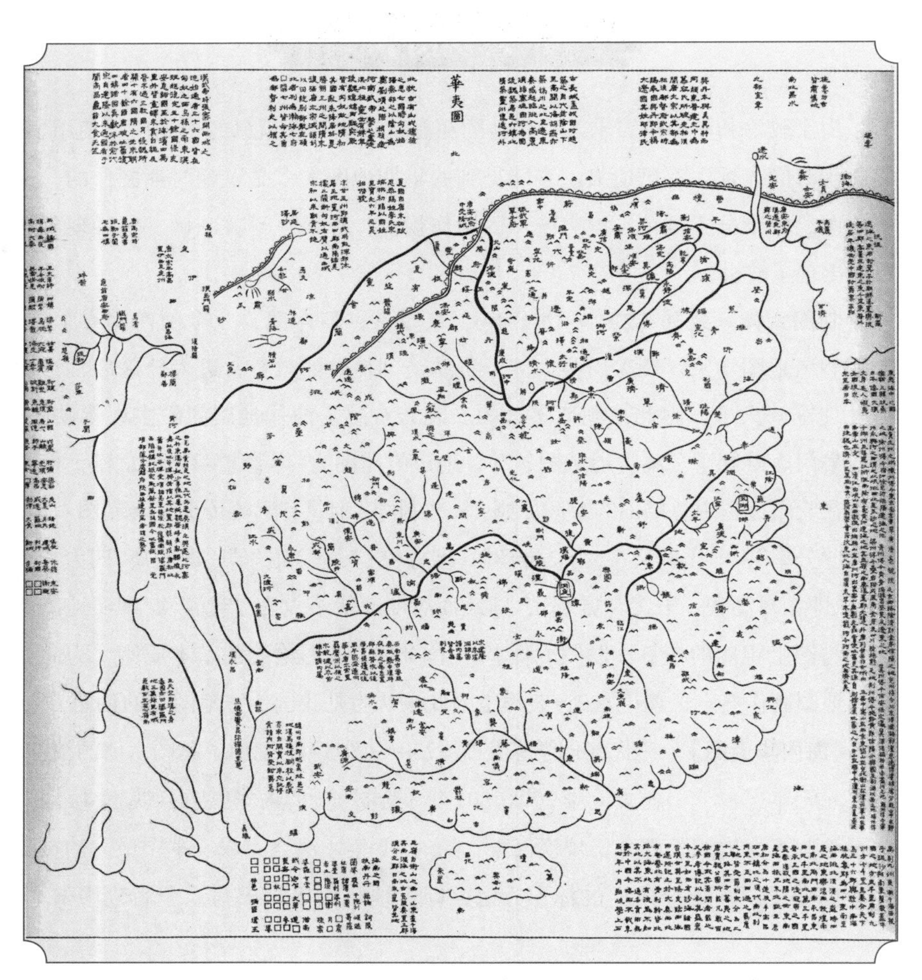

图 4–1　唐·贾耽《海内华夷图》

① 参见中国科学院自然科学史研究所地学史组主编：《中国古代地理学史》，科学出版社 1984 年版，第 299 页。

《舆地图》与《广舆图》　元代地理学家朱思本（1277 ～ 1333 年）延续制图六体的精神，采用计里开方的绘图方法。由于拥有丰富的实地考察的经验，朱思本所绘制的《舆地图》比前代要精细准确得多。《舆地图》在后世流传中遗失了，但明代罗洪先（1504 ～ 1564 年）依据朱图进行了增益，以计里画方之法，创立地图符号图例，从而绘制了《广舆图》。[①]该图采取图册方式保存，不仅继承了朱思本制图法，还加以发展，使地图更为科学实用，因此影响更加广泛。

《坤舆万国全图》　明清时期，西洋传教士来华，为中国带来了先进的地理知识。其中最著名的就是意大利天主教耶稣会传教士利玛窦（1552 ~ 1610 年）。利玛窦于明朝万历年间来到中国传教。他来华携带并绘制了诸多地图作品，明朝政府经过确认后认可，并加以整合，绘制出著名的《坤舆万国全图》（见图 4–2）。[②]该地图高 1.52 米，宽 3.66 米，原图已佚，现藏于南京博物院的《坤舆万国全图》为日本临摹彩绘本，是一幅以中国为地图中心的世界地图。它将地球视为一圆球，把东、西方两个已知世界汇编在同一幅地图上，引进了“南极洲”“南北美洲”“太平洋”“大西洋”“印度洋”等地理概念，并且第一次在中文地图上使用了“昼长线”（赤道）、“昼短线”（回归线）和“极圈”“南极”“北极”等地理学术语，又以赤道、回归线、极圈将地球分为 5 个气候带；把地球纬度和气候的密切关系及各地禽兽、风物也标示、绘制于图上。由于它依据经纬度绘制，精确度很高，从而受到了明朝士大夫的推崇，经纬度绘图法也因此传入中国。通过测量经纬度绘制地图极大地提高了地图的精确度，清代康熙年间的《皇舆全览图》和乾隆年间的《乾隆内府舆图》都是采取这种绘图方法进行绘制的。康乾时期取得的地图学成就对后世影响深远。

---

① 参见中国科学院自然科学史研究所地学史组主编：《中国古代地理学史》，第 318 ～ 319 页。

② 参见于希贤编：《中国古代地理学史略》，河北科学技术出版社 1990 年版，第 201 ～ 205 页。

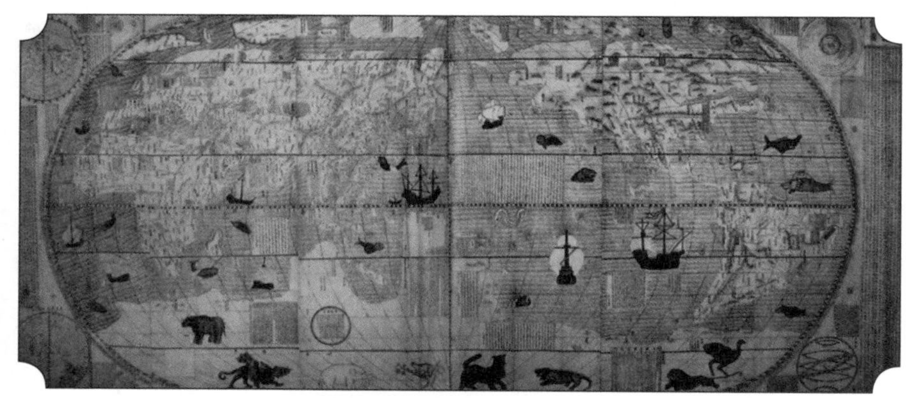

图 4-2 《坤舆万国全图》

三、地方志与地理记注

地方志，简称“方志”，即按一定体例全面记载某一时期某一地域的自然、社会、政治、经济、文化等方面情况的书籍文献。关于方志的起源，大致可以追溯到先秦时期的《山海经》《禹贡》《周礼》等作品。这些作品仅仅是粗具地方志的部分特色和特征，距离后世成熟的地方志还有较大差距。

《畿服经》 魏晋时期是地方志迅速发展的时期，此时出现了一些记录全国范围的总志作品，其代表作是晋朝挚虞（250 ～ 300 年）的《畿服经》。该书除了记录地理概况，还编入了各地的风俗人情、历史先贤，是一部史地兼备的著作，但由于流传问题，今日已经难窥其全貌。

《元和郡县图志》 唐朝李吉甫（758 ～ 814 年）的《元和郡县图志》是现存最早的地方总志作品。该书体例相对完备，对当时全国各地的地理沿革、地形物产都进行了相对系统的介绍，对后世地方志的撰写影响深远。

《太平寰宇记》 宋朝是我国地方志发展的重要时期。乐史（930 ～ 1007 年）

编纂的《太平寰宇记》是宋代地方志的代表作。该书共200卷，按唐代十三道为地区划分子目，并增加了土产、风俗、古迹、人物、姓氏、艺文等项目，是一部文史地三方面兼重的地方志著作，其编纂体例对后世地方志的编纂影响很大。除了地方总志，宋人还兴修了诸多区域志，今天仍可见到的南宋方志共有27部，如《吴郡志》《咸淳临安志》《景定建康志》等。[①]这些地方志作品编撰体例各具特色，书写内容充实明确。两宋时期，方志作为一种书写体例逐渐得到社会的广泛接受，方志编纂活动和方志理论研讨十分活跃。

《大明一统志》 明清时期是我国地方志发展的鼎盛时期。朝廷对地方志编纂的重视和支持是明清时期地方志迅速发展的重要原因。《大明一统志》是明代官修地理总志，共90卷，由官员李贤（1408～1466年）、彭时（1416～1475年）主持编修。该志以明朝两京、十三布政使司分区为纲，下设建置、沿革、风俗、山川、古迹、人物等38门，内容充实丰富。由于该书编纂仓促且讹误较多，故后世对其毁誉参半。

《大清一统志》 清朝对编纂地方志十分重视，康熙、雍正、乾隆三代多次下令各省编修区域通志，《贵州通志》《广州通志》等数十部区域通志的完成为《大清一统志》的编修打下了坚实的基础。从康熙二十五年（1686年）开始，共编纂过3部《大清一统志》，直到道光二十二年（1842年）才终告完成，历时157年。该志从体例拟定到书稿撰写再到校对审阅，层层把关，治学态度十分严谨，成书之后广受好评。当然，由于时代的限制，该志难免存在一些封建糟粕和讹误，但这并不能掩盖其巨大的学术价值和史料价值。

地理记注是我国传统地理学著作的重要组成部分。地理记注以各地建置、山川、道里、物产、风俗等内容为核心，具有较强的地域特色和游记特色，往

① 参见中国科学院自然科学史研究所地学史组主编：《中国古代地理学史》，第337～338页。

往由私家撰写，如盛弘之的《荆州记》、杨衒之的《洛阳伽蓝记》等。地理记注记载的地理区域相对集中，内容相对丰富，有较高的学术参考价值，是我国古代地理学著作的重要组成部分。

四、地理观测

地理观测著作 中国传统地理学的兴起和发展都离不开古人辛勤的地理观测。中国最古老的地理学著作《山海经》正是古人长期坚持不懈进行地理观测的总结。《山海经》大致成书于战国至汉初，分为《山经》和《海经》，现存 18 篇，大约记录了 550 座山，300 条河道。书中对山的方位、高度、山与山的距离，河道的流向、长度、水量等数据都有记录。这些观测数据是古人地理观测工作的结晶。

西汉时期的桑钦编写了《水经》一书，全书有 1 万多字，记述了 137 条水系及各水系的源头、所经地、入河口等内容。北朝时期的郦道元在《水经》的基础上通过长期的实地观测，又撰写了《水经注》一书，对中国古代水系的情况进行了很有价值的记述。古人进行地理观测的方法散见于古代的数学著作中，如《九章算术》中就有对测量山高和距离的方法的记载，刘徽的《海岛算经》中也记载了关于测量谷深、方邑大小和距离的办法。

历法编修与地图绘制 除了地理著作，历法的编修和地图的绘制也都离不开实地的地理观测。唐代的僧一行（673 ～ 727 年）为了编修大衍历，组织大量人力进行了全国范围内的天文地理观测，并实现了人类历史上第一次对地球子午线的测量。元代的郭守敬（1231 ～ 1316 年）为了编修授时历，也组织过大规模的纬度测量。[①]与郭守敬同时代的朱思本（1277 ～ 1333 年）游遍了华北、华中、

① 参见中国科学院自然科学史研究所地学史组主编：《中国古代地理学史》，第 311 页。

华南各地，获得了丰富的实地观测数据，其绘制的《舆地图》精度也远远超越前代，成为了中国地图绘制史上的杰出之作。

明清时期，西洋传教士向中国传入了近代欧洲的地理知识和地理观测仪器，为中国古代地理观测的进一步发展提供了有利条件。天文观测与星象三角测量等新式观测方法的使用提高了地理观测的精确度。康乾时期，清朝政府多次组织大规模的全国地理观测，并绘制了《皇舆全览图》与《乾隆内府舆图》。

地震观测　地震观测是中国古代地理观测的一个重要组成部分。中国是一个地震多发的国家，最早关于地震的记载可以追溯到4000多年前大禹征伐三苗时的"地震泉涌"。由于生产水平和科技条件有限，古人往往将地震的发生和天象变化以及阴阳五行学说结合在一起。在对地震进行了长期的观测后，古人积累了大量关于地震的知识和经验。为了能够预报地震的发生，及时防范灾害、降低损失，东汉著名科学家张衡制造出了能观测地震的科学仪器——"候风地动仪"。

张衡（78～139年），字平子，南阳西鄂（今河南南阳）人，东汉著名的科学家、文学家。张衡生活在地震频发的东汉中期，尤其是在112年，一年内发生了两次大地震。张衡曾两度担任太史令，对全国范围内的地震信息有过相对完整的记录。经过长年的钻研和反复的探索，张衡于公元132年制成了世界上第一台地震观测仪器——"候风地动仪"（见图4-3）。[1]这台仪器由精铜制作而成，内有8组杠杆对应8个地理方位。一旦发生地震，相应方位的杠杆就会触动仪器外部的飞龙使之吐珠至下方蟾蜍的嘴中，从而使古人能够通过观察吐珠现象而实现对地震的观测。侯风地动仪的发明开创了人类采用科学仪器观测地震现象的先河。

① 参见王振铎：《科技考古论丛》，文物出版社1989年版，第295～327页。

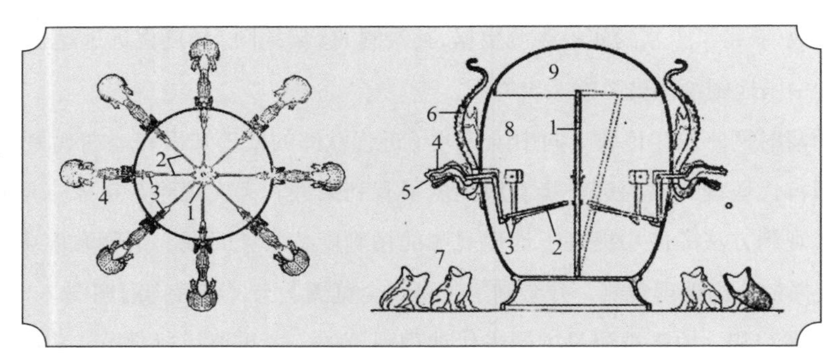

图 4–3　张衡“候风地动仪”内部结构图（王振铎复原）

（1. 都柱　2. 八道　3. 牙机　4. 龙首　5. 铜丸　6. 龙体　7. 蟾蜍　8. 仪体　9. 仪盖）

五、地理考察

地理考察是获取地理知识的直接途径。中国古人通过长年的地理观察，获取了很多地理知识。《禹贡》《史记·货殖列传》《汉书·地理志》都是我国古人辛勤考察的结果，是中国古代劳动人民智慧的结晶。通过日积月累、经年累月的地理考察，古代中国产生了一些颇为系统完整的地理考察资料。

郦道元与《水经注》 魏晋南北朝时期，由于人口迁移和民族融合，故地理考察交流活动十分频繁。这一时期出现了中国古代地理考察活动的杰出代表——北魏的郦道元。

郦道元（约 470 ~ 527 年），字善长，范阳涿州（今河北涿州）人，北魏著名的地理学家。郦道元自幼好学，喜好地理知识，他发现西汉桑钦所编的《水经》十分简略，甚至有不合实际的情况，便决定为《水经》作注释。为了做好这项工作，郦道元博览群书，比对辨讹，最终发现仅仅依靠书籍记载是远远不够的，因为水道会随着时间的推移而发生变化，为了保证注释的科学性和真实性，郦道元决定进行地理实地考察。限于政治形势，郦道元只考察了秦岭—淮河以北、长城

以南的水道分布形势。他的考察活动以水道为中心，同时涉及历史人文、风土人情甚至还有神话传说，内容十分丰富。郦道元将自己实地考察和书籍整理所得编写成了 40 卷、约 30 万字的《水经注》，书中共记录河流 1252 条，涉及河流发源、入海、干支流、河谷、河床、水位、水量等信息，内容极其丰富翔实。书中还记录了泉水深井近 300 处、沼泽湖泊 500 余处，同时还记录了山地平原等多种地貌，如岳、峰、岭、冈、川、野等以及流经地的土质、地形、特产、城邑、灌溉等内容，涉及地理范围相当广阔 ：东北到坝水（今朝鲜大同江），南到扶南（今越南、柬埔寨一带），西南到新头河（今印度河），西到安息（今伊朗）、西海（今咸海），北到流沙（今蒙古沙漠）。在那时就能对如此大范围的地理状况梳理考证，堪称古代地理学的一次大飞跃。（见图 4–4）

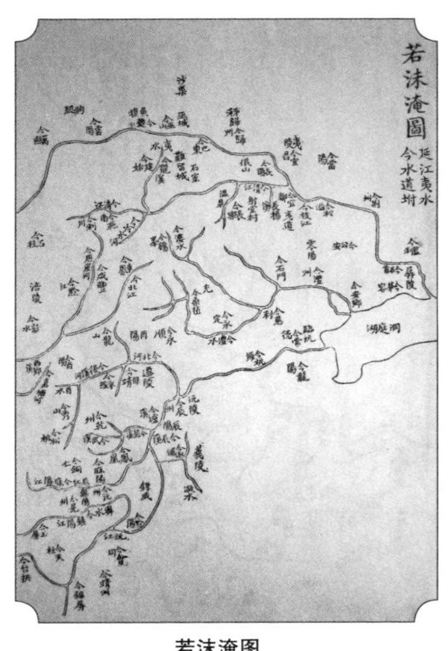

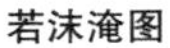
若沫淹图

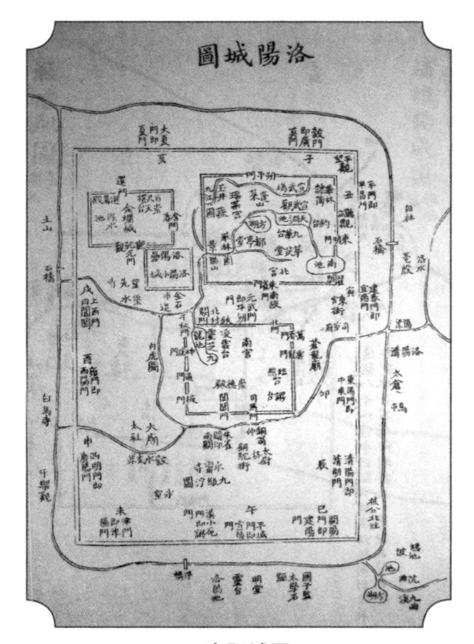

洛阳城图

图 4–4　北魏 · 郦道元《水经注》插图

《水经注》是郦道元地理考察成果的总结记录，为中国古代地理学的发展做出了突出的贡献。《水经注》在对南方水系和偏远地区水系的记载上存在一定的问题，但这是受当时的时代环境和认识水平所限。郦道元的地理考察活动是伟大的，《水经注》是一部非常重要的地理学著作。[①]

沈括与《梦溪笔谈》 隋唐时期的地理考察活动相对较少，但也涌现出了一批地方志书和游记。到了宋代，地理考察工作取得了较大的进步，其中的杰出代表就是沈括及其著作《梦溪笔谈》。沈括（1031 ～ 1095 年），字存中，浙江杭州人，北宋科学家。他在地理考察中发现了太行山的沉积物和雁荡山的巨石，因此提出了“流水沉积成陆”和“流水侵蚀成山”的理论。同时，他还在地理考察中发现了地理景观的规律性，即南北东西气候不同造成的地理景观差异。这些学说都记载在其作品《梦溪笔谈》中。[②]

图 4–5 清 · 阿弥达《黄河源图》（局部）

《河源志》 元朝旅行家都实曾奉命对黄河河源进行实地勘察。1315 年，潘昂霄依据都实弟弟阔阔出的转述完成了《河源志》一书。该书是中国最早的一部详细描述黄河河源状况的著作，书中指出黄河河源在星宿海一带，并记录了黄河河源的水文

① 参见于希贤：《中国古代地理学史略》，第 85 ～ 90 页。
② 参见于希贤：《中国古代地理学史略》，第 132 ～ 138 页。

情况和地理景观。乾隆四十六年（1781 年），黄河在河南决口。于是，乾隆皇帝在次年派遣阿弥达前往青海再次探寻黄河源头。阿弥达完成考察后，绘制了《黄河源图》（见图 4–5）。[①]

《徐霞客游记》 明朝是中国古代地理考察的巅峰时期，社会上游历之风盛行，地理学家和旅游家纷纷涌现，游记和方志等地理学著作不断问世，其中最具有代表性的就是徐霞客与其著作《徐霞客游记》。徐霞客（1587 ～ 1641 年）名弘祖，字振之，号霞客，明朝南直隶江阴（今江苏江阴）人，明代著名地理学家（见图 4–6）。徐霞客游历考察 30 余年，其中长途出行 4 次，足迹遍及大半个中国。他是中国历史上首位对石灰岩地貌提出过系统解释的科学家，为中国古代地理学的发展做出了突出的贡献。

图 4–6 徐霞客像

六、域外地理的探寻

张骞出使西域 汉朝国力强盛，是中国古代对外交流较为频繁和地理知识迅速增长的时期。汉朝的张骞（前 164 ～前 114 年）出使西域是中国古代域外地理探险的一大壮举。

公元前 138 年，张骞奉汉武帝之命出使西域，旨在联络大月氏夹击匈奴，从此揭开了中国与中西亚国家密切交流的序幕。张骞率领 100 多人从陇西（今甘肃临洮）出发，归顺的胡人堂邑父自愿充当张骞等人的向导和翻译。正当张骞一行准备迅速穿过河西走廊时（自月氏人西迁后，这一地区已完全被匈奴人

① 参见曹婉如等编：《中国古代地图集·战国—元》，文物出版社 1990 年版，第 173 ～ 174 页。

所控制），却不幸碰上了匈奴人的骑兵队，所有人全部被匈奴抓获。匈奴单于对张骞进行了种种威逼利诱，还让张骞娶了匈奴女子为妻，生了孩子。但张骞“不辱君命”“持汉节不失”，在被匈奴扣留了 10 年之后，终于找机会带领部属逃出了匈奴，继续西行。由于沿途地理条件复杂，气候多变，故张骞一行人风餐露宿，备尝艰辛。干粮吃尽了，就靠善射的堂邑父射杀禽兽以充饥。不少随从或因饥渴倒毙途中，或葬身黄沙、冰窟。张骞一行经过车师后没有向西北伊犁河流域进发，而是折向西南，进入焉耆，再溯塔里木河西行，过库车、疏勒等地，翻越葱岭，直达大宛（今中亚地区的费尔干纳盆地）、康居（位于今乌兹别克斯坦和塔吉克斯坦境内）。康居王又遣人将他们送至大月氏。张骞等人在大月氏逗留了一年多，但始终未能说服月氏人与汉朝联盟，夹击匈奴。在此期间，张骞曾越过妫水南下，抵达大夏的蓝氏城（今阿富汗的汗瓦齐拉巴德）。元朔元年（前 128 年），张骞起身返汉。归途中，张骞为避开匈奴控制区，改变了行军路线，打算通过青海的羌人聚居区，以免再遭到匈奴人的阻留。于是，在重越葱岭后，他们没有走来时沿塔里木盆地北部的“北道”，而改走塔里木盆地南部，循昆仑山北麓的“南道”，过莎车，经于阗（今中国新疆维吾尔自治区和田地区）、鄯善（今中国新疆维吾尔自治区若羌县），进入羌人聚居地区。但没有想到的是，此时羌人也已沦为匈奴的附庸，张骞等人再次被匈奴骑兵所俘，又被扣留了一年多。直到元朔三年（前 126 年）初，张骞才趁着匈奴爆发内乱之机，带着自己的匈奴族妻子和堂邑父逃回了长安。这是张骞第一次出使西域，从汉武帝建元二年（前 139 年）出发，至元朔三年（前 126 年）归汉，前后历时 13 年。张骞一行出发时有 100 多人，回来时仅剩下张骞和堂邑父 2 个人。（见图 4–7）

尽管没有达到联合大月氏夹击匈奴的目的，但张骞出使西域却了解到了许多西域国家的情况。对西域情况的了解促使汉武帝在公元前 119 年、公元前 115 年又两度派遣张骞出使西域。张骞出使西域使汉朝与西域各国乃至中西亚各国都建立了联系，拓宽了汉朝人的地理认知，开辟了著名的“陆上丝绸之路”，促进了中外政治经济文化的交流。

图 4–7　宋代《汉西域诸国图》（北京图书馆藏）

除张骞之外，班超是汉朝历史上另一位出使西域的重要人物。在班超的经营下，西域各国回归对东汉王朝的尊重和认同，此举推动了民族融合与中外经济文化交流。公元 97 年，班超派遣甘英出使大秦，最终到达安息、条支一带，后虽因受阻于波斯湾而未能完成中西直接交通，但却对此后的中西交流产生了重大的影响。

玄奘西游　玄奘西游是唐代中外交流史上的一件大事。玄奘（602 ～ 664 年），俗名陈祎，世人尊称其为“三藏法师”，后世俗称“唐僧”（见图 4–8）。玄奘对佛法有着深入的研究，他有感于佛家各派分歧甚多和佛经译本有限，故决心前往印度游学。唐太宗贞观元年（627 年），玄奘只身出发，取道西域并南下进入印度，行程逾万里。玄奘为学习佛法几乎游遍了印度，在印度取得了极高的声誉。645 年，玄奘返回长安，并带回了数百部经论，还撰写了著名的地理著作《大唐西域记》。玄奘西游将大量的印度佛教文化带回唐朝，使得中原文化汇入了更多的外国文化，促进了佛教的传播；同时玄奘又把中华文化带到了西域和印度，推动了中外文化的交流和往来。《大唐西域记》记录了西域和南亚各国的地理风貌及风土人情，是世界地理学史上的一部巨著。

马可·波罗来华　马可·波罗来华是中国历史上外国人来华交流的重要事件。马可·波罗（1254～1324年）是意大利著名的商人和旅游家。元至元十二年（1275年），马可·波罗来到元朝大都(今北京)面见忽必烈，并被授予了官职。马可·波罗在华游历了17年，对中华文化有了比较深入的了解。元成宗元贞元年（1295年），马可·波罗返回意大利，后来在友人的帮助下口述完成了《马可·波罗游记》(又名《马可·波罗行记》《东方闻见录》《寰宇录》)。该书是欧洲第一部详细记述中华文化和中国情况的游记。书中记载了北京、西安、开封、南京、扬州、苏州、杭州等城市的繁华面貌，向欧洲人展示了富丽繁华、文明昌盛的中国形象。

图4–8　唐玄奘和尚像（日本东京国立博物馆藏）

郑和下西洋　所谓“郑和下西洋”是指明朝前期航海家郑和主持的七次远洋航行。郑和（1371～1433年），本姓马，小字三宝，云南昆阳回族人。他因追随明成祖朱棣累立战功，因而得赐“郑”姓。宋元时期，中国的造船技术不断进步，罗盘针的应用以及丰富的航海经验，加上明初社会经济充分的恢复和发展，手工业和商业的迅速繁荣，明朝国力大增，这些都为郑和远航奠定了坚实的物质基础。

在永乐三年（1405年）至宣德八年（1433年）的29年间，郑和等人主持了7次远洋航行。郑和下西洋的路线是从江苏太仓刘家港出发，南行经台湾海峡进入南海，访问东南亚各国，再通过马六甲海峡进入印度洋，访问印度、阿拉伯以及东非诸国。

郑和的第一次（1405～1407年）、第二次（1407～1409年）和第三次（1409～1411年）远航都抵达了印度半岛的印度河口一带。第四次远航

（1413～1415年）抵达了波斯湾。第五次（1417～1419年）与第六次（1421～1422年）航线有所改变，航行距离最远，船队横渡印度洋直抵非洲东海岸（今索马里与肯尼亚一带）。第七次（1431～1433年）航行依然是到达了波斯湾，但是其船队的支队抵达了红海阿拉伯半岛西岸。

郑和下西洋的船队浩浩荡荡、人数众多，最多的一次有200余艘船只，27000多人，其中包括水手、工匠、医生、翻译、办事员、书算手、官兵等，人员配备完整，分工明确。郑和等人将大量丝绸、陶瓷、茶叶等手工制品送往东南亚、印度、阿拉伯以及东非各国，并将各地的特产如香料、珠宝、毛皮、矿产及奇珍异兽带回了中国。与此同时，各国使节、商人也追随郑和来往于中国与本国之间，推动了明朝与海外各国的政治交往和经济联系。

郑和下西洋的航海记录以航海地图的形式保存了下来，并被茅元仪的《武备志》所收录（见图4–9）。郑和的航海地图对航向、航程、暗礁浅滩以及停泊点都作了详尽的记录，是一份重要的古代航海资料。此外，随行出海的马欢、费信和巩珍等人依据所见所闻分别完成了《瀛涯胜览》《星槎胜览》和《西洋番国志》三部书，对东南亚和印度洋沿岸诸国的风土人情、地理水文进行了详细的介绍。这三部著作既是郑和下西洋的第一手资料，又为后人了解古代东南亚和印度

图4–9　郑和航海图（局部）

洋沿岸诸国保留了宝贵的记载。[①]

郑和下西洋宣扬国威于海外，巩固了明朝的大国地位，开拓了国外市场，增强了中国与海外诸国的政治经济联系，推动了中国古代航海业和造船业的发展，其规模远胜于差不多发生在同时期的西方地理大发现，是我国航海史上的一大壮举。但是，郑和下西洋耗资巨大，其所带动的贡赐贸易没有带来实际的经济效益，以至于伟大的远洋航海戛然而止，没能延续下去。

在漫长的中国历史上，中外交流的壮举还有很多，如法显西行、鉴真东渡、利玛窦来华等，这些壮举推动了中外政治交往、贸易往来和文化互动，对丰富多彩的中华文化的形成和发展产生了重要的影响。

七、九州的划分

"九州"是古代中国的地域划分学说。"九州"一词最早见于《禹贡》，其作者假托大禹之名将中国划分为九个地域，即冀州、兖州、青州、徐州、扬州、荆州、豫州、梁州和雍州[②]。（见图 4–10）[③]

九州的划分不是以经纬方向为标准，而是强调区域间的联系与区别，其标志就是以山河湖海为划分节点：冀州以黄河壶口及梁、岐二山为界限，大致在今河北、河南和山西一带；兖州以古济水为界限，大致在今山东、河北和河南一带；青州以渤海、泰山为界限，大致在今山东半岛和河北一带；徐州以黄海、泰山以及淮河为界限，大致在今山东、安徽和江苏一带；扬州以黄海、淮河为界限，大致在今安徽、江苏和江西一带；荆州以荆、衡二山为界限，大致在今湖北、湖南一带；豫州以荆山和黄河为界限，大致在今河南和山东一带；梁州

① 参见赵荣：《中国古代地理学》，第 92 ～ 98 页。

② 参见侯仁之主编：《中国古代地理学简史》，科学出版社 1962 年版，第 10 页。

③ 图片采自曹婉如等编：《中国古代地图集·清代》，文物出版社 1997 年版，第 82 页。

以华山和黑水为界限，大致在今陕西、甘肃、青海和四川一带；雍州以黑水和西河为界限，大致在今陕西、宁夏、甘肃、内蒙古和新疆一带。

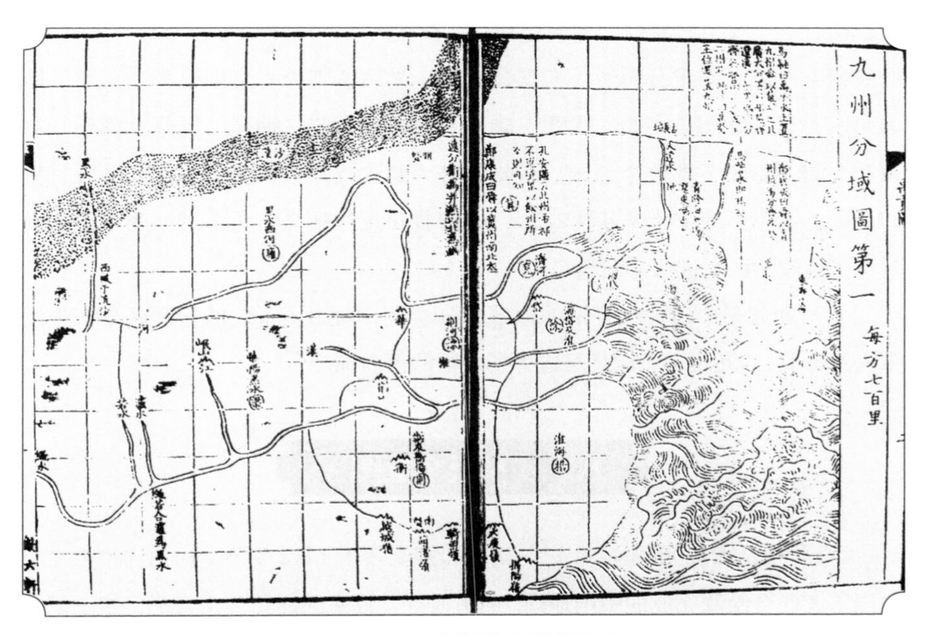

图 4–10 《禹贡》九州分域图

《禹贡》中对九州的划分并非简单的地域分割，还包括对各州山川水文、植被土壤、贡品物产的介绍。据书中记载，各州的土壤不同，有白壤、红壤、黄壤、黑土、潮土之别，从对土壤的描述进一步引申到各州田亩赋税等级的划分（田地的等级与赋税的等级并不一致，如冀州田地是第五等，赋税却是一等，雍州田地最好，但赋税却是六等，扬州田地最差，但赋税却是第七等，兖州赋税最少，但田地却是七等，等等）。除冀州之外，各州均记载有金银、毛皮、羽角等贡品的进奉。冀州作为九州之首，赋税一等且不输贡品。田赋等级和贡品运输都体现了中国古代的大一统思想。关于九州植被的描述还体现了九州地理景观的差异性，如

兖州树木刚刚发芽，徐州植被已经覆地，而扬州早已是芳草芬芳、树木繁密了。

作为一种地域划分，“九州”到了后世逐渐演化成为一种政治区划。王莽建立新朝后，一改当时通行天下的郡县制，按《禹贡》的记载将天下划分为九州，但新朝维持的时间十分短暂。东汉建立后，光武帝刘秀将全国改为十三州，即司州、青州、徐州、兖州、豫州、幽州、冀州、并州、荆州、扬州、凉州、益州和交州。每州下辖数个郡国，各州长官为刺史或州牧，负责巡察其郡国官吏和豪强。汉献帝建安十八年（213 年），曹操再度按照《禹贡》的九州学说重新对中国的政治区划进行了调整。

九州划分是中国古代早期的地域划分学说，对中国古代的行政区划产生过重大的影响，“九州”一词甚至成为了中国的代名词。

八、《皇舆全览图》

《皇舆全览图》（见图 4–11）[①]是清朝康熙皇帝于 1718 年下令由西洋传教士与中国学者联合绘制完成的中国地图。明清时期，许多西洋传教士入华，给中国带来了西方先进的地理知识和绘图方法，为《皇舆全览图》的绘制提供了技术基础和人才支持。清初社会经济得到了充分的恢复和发展，国力日趋雄厚，加之三藩和台湾问题得到解决，为《皇舆全览图》的绘制提供了丰厚的物质基础和良好的时代历史环境。同时，在与外国的交流中，康熙皇帝有感于中国地图的简陋粗糙，因此他决心绘制一份囊括全中国疆域的地图。

1708 年，康熙皇帝令西洋传教士与中国学者在全国各地分组开展天文地理实测。实测以天文观测与星象三角测量的方式进行，共测定了 630 个经纬点。《皇舆全览图》采用“梯形投影法”绘制，比例尺为四十万分之一。参与实测并绘

① 采自曹婉如等编：《中国古代地图集·清代》，第 19 页。

图的技术人员包括西洋传教士白晋、雷孝思、杜德美以及中国学者何国栋、白映棠、索柱、贡额、明安图等人。其中，西藏地区由钦天监喇嘛楚儿沁藏布兰木占巴和理藩院主事胜住进行实测，但碍于准噶尔问题，没有对西藏西部和新疆西部进行测量。

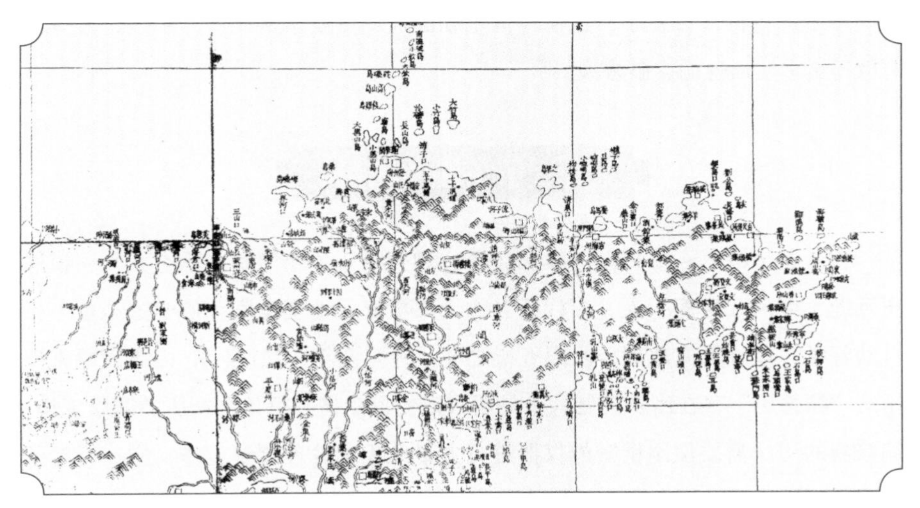

图 4–11　清 ·《皇舆全览图》（山东半岛）

《皇舆全览图》是中国历史上第一幅绘有经纬网的全国地图。在绘制过程中，绘图人员发现经线的长度是不一致的，而且会随着纬度的增加而增加，这在世界上是首次在实践中印证了“地球是南北略扁的椭球体”的观点。此外，楚儿沁藏布兰木占巴和胜住在西藏测绘时发现了世界第一高峰珠穆朗玛峰，并在地图中将其标明，这比英国人埃菲尔士发现并测量珠穆朗玛峰早了 100 多年。值得注意的是，在实地测量之前，康熙皇帝明确规定地球经线每度为 200 里（合 100 公里），每里 360 步（合 500 米），每步 5 尺（约合 1.4 米）。这在世界上是首次采用以地球形体规定尺度的方法，比西方早了将近 1 个世纪。

《皇舆全览图》的绘制为中国绘图学的发展做出了巨大的贡献，是中国地图

史上的一件大事，它对中国近代地图学科的创建和发展产生了深远的影响，中国近代地图的绘制和出版也以此为开始的标志。但是，《皇舆全览图》完成后便被作为宫廷秘藏，只有天潢贵胄、高官显贵方得一见。而且，地图测绘时所采用的天文观测与星象三角测量以及“梯形投影法”等先进技术并没有著录公开，更谈不上进行推广普及了，这使得清王朝的地图测绘学从此停滞不前，再也没有取得更多实质性的突破进展。①

九、子午线的测量

僧一行（673 ～ 727 年），本名张遂，魏州昌乐（今河南南乐）人，一说邢州巨鹿（今河北巨鹿）人，唐代著名的天文学家、地理学家和佛学家。僧一行自幼好学，通晓天文地理、阴阳五行之学。开元九年（721 年），因唐朝原来使用的“麟德历”存在诸多问题，于是唐玄宗便诏令僧一行负责新历的编修工作。编修新的历法需要使用精密的仪器进行大量的天文地理测量工作，僧一行对子午线的测量就是以此为背景而展开的。

僧一行的这次测量活动范围空前。据史料记载，其测量地点南到交州林邑（今越南中部），北到铁勒（今俄罗斯贝加尔湖畔），共 13 处测量点，其中尤以开元十二年（724 年）在河南地区进行的测量最为关键，因为河南的白马、浚仪、扶沟、上蔡 4 个测量点大致处于同一经度，在此测量最具有代表性。僧一行领导南宫说等人在此测量了夏至日正午日影的长度和北极高，以及测量点之间的距离。经测算比较，僧一行得出了“大率三百五十一里八十步而差一度”的结论。用我们今天的单位换算后，这一结论可表示为：“南北相距 175.6 公里则南北极高度相差 1

① 参见中国科学院自然科学史研究所地学史组主编：《中国古代地理学史》，第 327 ～ 330 页。

度。”尽管僧一行等人当时并不清楚，但实际上他们就是在测量地球子午线 1 度的长度。河南白马、浚仪、扶沟、上蔡四地所在纬度为北纬 34.5 度，此处子午线长度为 110.6 公里，可见僧一行等人的测量结果与现代测量结果相比还存在着较大的误差，但不可否认这是人类历史上第一次对地球子午线的弧长进行测量。[①]

僧一行为了确保测量的精确度，专门制造了一些新式天文仪器。开元十三年（725 年），僧一行举荐梁令瓒设计完成了黄道游仪。这种仪器实现了黄道环与赤道环的相对运动，有效地解决了日月星辰及其运行轨迹无法观测计算的难题，甚至还通过该仪器首次发现了恒星移动的现象。此外，僧一行等人还发明了水运浑天仪，这是一种依靠水力运转的天体运动模仿仪器，能形象地展示出日月星辰的运转。仪器上有 2 个木人，每经过 1 个时辰就会敲鼓撞钟，这是现代钟表的祖先，比西方钟表的诞生早了 600 多年。由于使用金属打造，因此这台仪器在长时间接触水后便因生锈而被废弃了，但这并不能抹杀水运浑天仪在我国天文学发展史上做出的突出贡献。黄道游仪和水运浑天仪是我国古代科学家聪明智慧的结晶。

新式天文仪器的发明和大规模天文地理测量的进行帮助僧一行完成了大衍历的编修，这是僧一行在天文历法方面所做的最大贡献。对地球子午线的测量活动是古代中国地理科技领先世界的突出体现。

---

① 参见赵荣：《中国古代地理学》，第 61 ～ 63 页。

第五章 从生产经验中诞生的物理学

一般来说，物理学往往被人们视为一门基础科学。作为自然科学的一个分支，物理学在中国传统文化中却向来不被世人所重视。一个很重要的原因是，在古代中国，物理学并未形成一门独立的学科，而是分散在经学、理学和伦理学当中，并且与经学、理学和伦理学紧密地结合在一起。

“物理学”一词源自古希腊，其本义是探讨自然界和自然现象。“物理”一词在中国古代与现代的含义亦不相同。“物理”一词在中国古代的意思并非近代西方所谓的“物理学”，而是泛指一切事物的道理。然而，正是由于古代“物理”一词的含义无所不包，从而导致某些近代意义下的其他自然科学也被包含在其中了。明清之际，西学东渐之风日趋强烈，王徵与传教士邓玉函在翻译《远西奇器图说》时曾将我们今天所说的“力学”翻译为“重学”，这是中国古代最早定名的西方自然科学名称。鸦片战争之后，西学东渐之风更加强势，但此时人们尚未将“Physics”一词译为“物理学”，而是将其翻译为“格物学”或“格致学”。将“Physics”一词翻译为“物理学”乃是19世纪70年代的日本学者所为。当时的日本正处在明治维新时代，日本人翻译出版了大量西方近代科技书籍。1900年，清朝洋务运动的代表机构——江南机器制造总局刊行了由日本人盛饭挺造编著的大学教科书《物理学》的中译本。此后，“物理学”一词开始得到中国知识界的认同和采用。

中国古代的物理学大致有三大特点：其一，中国古代的物理学并未形成独立的学科，其研究者大多是百科全书式的，而不是某一领域的专家；其二，中国古代的物理学研究成果大多来自对自然现象的观察和对生产生活经验的总结，而不是来自理性的数学推理；其三，中国古代的物理学虽然是经验的、定性的科学，但中国古人对物理学的探索却从未间断，最可贵的是，中国古人以其聪明智慧而往往能够抓住问题的本质。

部分现代物理学史研究者曾指出，中国古代有“术”而无“学”，即中国古代只有技术而没有科学。对中国古代的科技文化来说，这种说法可谓极不公平：

中国古代的物理学虽然缺乏数学方法和逻辑演绎表述方式，但是，没有这种类似近代科学的方法体系并不等于没有理论和科学。

中国古代的物理学虽然没有发展成为一门独立的学科，但这丝毫不影响中国古人对现代物理学的各分支学科展开研究。通过阅读本章你会惊奇地发现，中国古人对物理学各分支学科的探索要远比同时代的西方世界先进。下面我们就来概述一下古代中国在力学、声学、光学、电学、磁学以及热学等方面取得的成就。

在力学方面，中国古人早在春秋战国时期就对杠杆、滑轮及斜面等原理有过积极的探讨。在这一方面，墨家可谓开了中国传统力学研究之先河。墨家的力学知识既来自于“用”，又指导了“用”。当时，墨家甚至对物体的重心、力的平衡以及加速度等都有领先世界的正确讨论和认识。

在声学方面，中国古人已经能够把握共振的规律。在乐器制造方面，种类繁多的中国传统乐器不仅体现了中国人精妙绝伦的技艺，还体现出了中国古人对声学知识的准确把握。

在光学方面，墨家在春秋战国之际就根据“小孔成像”的原理做过科学实验，还对反射、折射等光学现象进行了规律性的探索。

在电学方面，中国古人对电的探索尽管大多是经验性的判断，但是，他们对电，尤其是雷电的认识，比同时代的西方人要准确得多。

在磁学方面，中国古人曾为世界做出了巨大的贡献。作为中国古代的“四大发明”之一，指南针曾受到弗兰西斯·培根（1561～1626年）和卡尔·马克思（1818～1883年）的高度称赞。就目前的文献记载来看，“中国人最早发现并利用了天然磁石的指南性”这一点已经得到了公认。从“司南”到指南针的发明和运用，中国古人不仅发现了天然磁性，还发明了如何制作人造磁铁。通过将其装上罗盘，中国古人不仅提高了指南针的指向性，也因此发现了地磁偏角。中国古人对磁的认识、探索和运用对世界经济文化的发展具有革命性的意义。

在热学方面，不论是古代中国还是古代的西方，对“热”的探索都相对较少。但是，中国古人对热学理论的探索，尤其是对温度的把握较同时代的西方人要更胜一筹。中国古人虽未在热学理论方面有大的实质性突破，但他们却能自如地对“热”加以运用。

古代中国的物理学从来不是一片荒漠。在物理学这片广阔的土地上，中国古人以其聪明才智创造了一个个奇迹，这些都是中国传统科技文化中不可或缺的重要组成部分。

一、简单机械中的力学原理

中国古代的物理学虽然自始至终没能形成一门学科，但这并不代表中国古人就没有掌握物理学方面的原理和知识。由于力学是在近代最先取得突出成就的自然科学，所以我们在谈及中国古代的物理学时也准备先从力学方面入手。在中国古代，“力学”一词并不具备现代物理学中“力学”一词的意义。中国古代所谓的“力学”实际上是“努力学习”的意思。

明末天启七年（1627 年），中国古代物理学家、翻译家王徵（1571 ～ 1644 年）与西方传教士邓玉函（1576 ～ 1630 年）在二人共同翻译的《远西奇器图说》一书中将“Mechanics”一词译为“力艺”，并将其解释为“研究重力的学问”。但在当时，“力艺”这一物理学概念并未得到广泛的宣扬，世人对其知之甚少。到了清代后期，特别是鸦片战争以来，西学东渐之风日趋猛烈，许多来华的传教士开始大规模翻译介绍西方近代科学技术的新成果。1866 年，美国传教士丁韪良（1827 ～ 1916 年）翻译了《格物入门》一书，他在书中将“Mechanics”一词正式翻译为“力学”。从此，“力学”一词作为现代物理学概念在中国逐渐传播开来。1906 年，清末新政之后设立的学部组织人员编译了《力学课编》一书，作为京师大学堂的物理教材。自此之后，力学作为现代物理学的一个重要分支

学科才在中国大规模地传播开来。

从以上介绍可知，作为物理学的一个分支，力学这门学科直到近代才在西学东渐的影响下在中国产生。中国古代的“力学”一如整个物理学，大都立足于从技术上引出相关的问题和理论。相对于西方的“数学—物理学”，中国古代的物理学乃是“技术—物理学”。因此，中国古代的力学问题和理论的阐发基本上都来自各行各业的能工巧匠。其中，墨子是中国古代系统论述力学问题和理论的第一人。

墨子（约前 480 ～前 420 年），姓墨，名翟，鲁国人（一说为宋国人，或曰滕国人）。他是春秋战国之际著名的机械制造家和杰出的科学家，墨家学派的创始人。世人皆知墨子是大思想家，而对他在科技方面的成就却不甚了解。要了解墨子在自然科学方面的成就，就不能不提到《墨子》一书中收录的《墨经》。《墨经》共有 4 篇，分别是《经上》《经下》《经说上》《经说下》。其中，《经上》和《经下》主要是墨子自作，《经说上》和《经说下》大概出自墨家后学之手。《墨经》中的内容以逻辑学为主，自然科学次之。自然科学中以物理学、几何学居多，而物理学中尤重力学、光学。《墨经》对经典力学的研究对象多有阐发，其中以对力的概念和力距原理的阐述最为精到。

墨子与“力”的概念　《墨子·经上》集中阐释了“力”的概念：“力，刑之所以奋也。”墨子将物体称为“刑”，“刑”通“形”，即“物体”的意思；将物体的运动称为“奋”，“奋”义为“飞”，就是所谓的“运动”。墨子在《经上》中给“力”下的定义是：力是物体（“刑”）发生运动（“奋”）的原因。

这里需要指出的是，上述“力”的定义与近代物理学上“力”的概念较为相似。根据牛顿第二定律，“力”这个物理量表示一个物体对另一个物体的作用，它使物体的运动状态发生变化。所谓“运动状态的变化”是指物体不再处于静止状态或匀速直线运动状态，用物理公式可表示为“力 = 质量 × 加速度”。我们可以看出，墨子给“力”下的定义中有“力”、有“刑”（即质量），虽然

他尚未将“奋”归纳为“加速度”这个物理量，但这丝毫不影响他对力和物体运动的理解。墨子大约生活在公元前 5 世纪，而牛顿力学三大定律的提出却是在 1687 年左右，前后相距 2000 多年之久。

《墨经》与杠杆原理 《墨子·经下》中对杠杆原理也有精到的阐发：“天而必正，说在得。”科技史研究者多认为“天”实为“衡”字，“衡”即杠杆。《经下》中还说：“衡加重于其一旁，必捶，权重相若也。相衡则本短标长，两加焉，重相若，则标必下，标得权也。”这段文字是以称量重物的杆秤（“提称”）为例来阐释杠杆原理的：杆秤的提携处为支点，“锤”为力点，称钩（或秤盘）为重点。支点和重点的距离短，即“称头”；支点和力点的距离长，即“称尾”。称头之物有所增减，称尾之锤必需左右移动才能使称重新平衡。通过以上分析可知，墨子大体已经知道“衡”“重”和“权”之间的关系了，应该说已经具备了杠杆原理的原始形式，这要比公元前 3 世纪左右古希腊的阿基米德关于杠杆原理的阐述更加具体。但是，墨子在阐述杠杆原理时并未进行明确的数量分析，这是他的不足之处。

以墨子为首的墨家是先秦时期在科技领域取得成就最大的学派。墨子及其学生对力学的研究开创了中国古代力学研究之先河，但遗憾的是，自汉代以来，墨家学说逐渐衰亡，终成绝响。

最晚自春秋战国时期开始，中国古人就已经懂得在生产、生活及战争中运用滑轮了。滑轮又被古人称为“滑车”。据典籍记载，春秋后期的公输班（鲁班）为季康子母亲的墓葬制造了转动机关，为帮助楚国攻打宋国创制了云梯，这两项发明可能都使用了滑轮。

汉画像石“泗水捞鼎图”中的滑轮 在汉代画像石和墓葬中发现的陶井模型上都有滑轮装置。山东济宁嘉祥武梁祠出土了大量汉代画像石，在其中一副“泗水捞鼎图”（见图 5–1）中我们可以清晰地看到，河岸两边各有三人前后拉着绳子，脚蹬斜坡，弯腰使劲。绳子的一端通过滑轮连接在刚露出河面的青铜鼎上，

画面上下左右还有众人围观，场面相当壮观。秦始皇泗水捞鼎的故事可参见《史记·秦始皇本纪》：传说大禹铸造了九个巨鼎，九鼎从夏传到商、周，成了最高统治者权力的象征。周赧王十九年（前296年），秦昭王从周王室取走了九鼎，不幸途中有一鼎飞入泗水河中。后来，秦始皇统一六国，在东巡归途中路过彭城，便命令千人入泗水打捞宝鼎，结果根本就没有找到宝鼎。可是武梁祠出土的汉画像石所描绘的画面却表明秦始皇找到了宝鼎。当宝鼎刚被拉出水面时，汉画像石所描摹的场景是鼎中跃出一条龙将绳子咬断，宝鼎又沉入了水底。图5–1生动地展现了绳子断裂的一刹那，拉绳人往后仰倒的情形。从武梁祠汉画石像《泗水捞鼎图》可知，秦汉时期的人们已经普遍懂得如何使用滑轮了。[①]

图5–1　泗水捞鼎图（山东武梁祠汉画像石）

汲机　根据传统典籍的记载推断，辘轳可能产生于商朝末年。明代罗颀的《物原》中载：“史佚始作辘轳。”宋代曾公亮的《武经总要》中载：“周武王以飞桥、辘轳，越沟堑，飞江天。”唐代的刘禹锡在其所撰《刘梦得文集·机汲记》中写道，他曾亲眼见过一种被称作“汲机”的提水机械（见图5–2）。[②] 汲机将辘轳与架空索道联合并用，从而可以将山下的流水一桶桶地提上山顶，既浇灌了田地，又节省了力气。刘禹锡在《机汲记》中说，在河中树立直立的木桩（称为“臬”），木桩插在竹笼内，笼内放置石块以固定木桩。然后，将绳索一端系在木桩上端，另一端引

① 参见戴念祖主编:《中国科学技术史·物理学卷》，科学出版社2001年版，第20～33页。
② 参见戴念祖：《中国力学史》，河北教育出版社1988年版，第210页。

到数刃高的山岗上，这个过程就像拉紧弦线一般。再将一种铁制的连接部件系在两根绳索上，它外观如鼎、键槽如乐鼓，并可用于系挂汲水桶。当汲水桶抵达河泉的木桩上时，放长一根绳索，桶即往下坠落，待桶装满水后，用辘轳将桶沿着绳索转上来。这种汲机能将低处的水引上高地，过树梢、逾山岭，然后输送到需要用水的任何地方。汲机设计精巧，方便实用，即便在今天看来也是令人叹服的。汲机的关键部件可能就是应用了滑轮的辘轳。

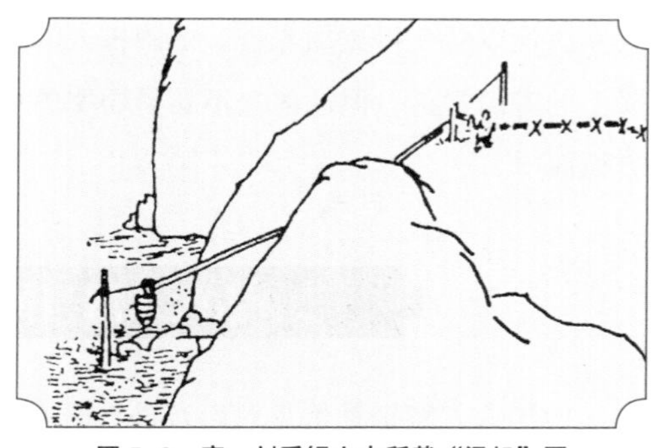
图 5-2 唐・刘禹锡文中所载“汲机”图

辘轳　在滑轮的一端装上曲轴，就形成了辘轳，典籍中也写作“鹿卢”“磨鹿”“椟栌”，它常被用作从井中提水的工具。辘轳的主要部件是一根短圆木，上绕绳索；转动其边上的曲轴，圆木可绕其固定轴转动，这样绳索下面所连接的重物就能随着转轴的转动而被提上来。严格来说，辘轳在未装曲轴之前应该被称作“滑车”。直到宋金时期，辘轳才被装上曲轴。山西绛县裴家堡出土的金代墓葬壁画中的辘轳图所展现的就是一种带曲轴的辘轳。元代农学家王祯在其所著的《农书》中这样写道：“辘轳，缠绠械也。《集韵》作椟栌，汲水木也。人乃用手掉转，缠绠与毂，引取汲器。”明代晚期的方以智在其所著的《物理小识・器用类》中曾就辘轳起重省力一事写道：“凡引重用一辘轳省力倍，以筒筒圆木，入滑汁其中，以绳卷筒上，其力更省。”由此可见，明代时人们已经完全掌握了在辘轳转筒和轴之间加入润滑油的技术。方以智称之为“入滑汁其中”，“滑汁”很可能就是植物油之类的润滑剂。

在古代，中国人很早就在汲水工具——辘轳上普遍运用了滑轮的力学原理。应用滑轮原理的辘轳是中国古代社会中最为常见的一种汲水工具，这种汲水工

具在唐代以后变得更加先进。中国古人的力学知识虽然未能形成现代物理学意义上的专门学科，但这丝毫不妨碍聪明的中国古人将之应用到生产和生活的方方面面中。

二、古代乐器与传统声学知识

中国古人特别钟情于对声音进行研究，因为人一出生就开始用敏锐的听觉聆听着大自然的各种声响，人与人之间要交流就需要发声，当生产力发展到一定阶段之后，人们又开始利用大自然中各式各样的材料制作出了各种乐器。“声学”一词初见于沈括的《梦溪笔谈》。沈括在记述共振、音调、和声等现象时指出：“此声学至要妙处也。今人不知此理，故不能极天地至和之声。”由此可见，中国古代早已有“声学”之研究且较为发达，但无“声学”之学科，这不能不说是一件遗憾的事。在西方，18 世纪初，法国物理学家索维尔（1653 ～ 1716 年）建议设立一门新学科，并将音乐包括在内，名之曰“Acoustigue”（英文为“Acoustics”），中文译为“声学”，音乐界常译为“音响学”。

在中国古代，人们相信美妙的音乐能够陶冶人的情操，甚至能够起到规范人的本性的作用。因此，早在先秦时期，人们就已经开始了对声学理论的探索。《吕氏春秋・仲夏纪・古乐》就生动地记述了早在传说的“葛天氏”时期三人手持牛尾边跳边唱“八阙”时的情景。出土文物也证明，早在公元前 5000 年左右，河南舞阳贾湖村人就已经会制作类似于今天的洞箫一样的骨笛了，这种骨笛准确的音程令今人难以猜测古人是如何计算各个音控的位置所在的（见图 5-3）。[1]

进入青铜器时代后，青铜乐器问世。此时的中国古人不仅创造了双音钟，而且还掌握了振动壳体与其发声高低的规律，并凭此发明了编钟。由于音乐和

① 参见戴念祖主编：《中国科学技术史・物理学卷》，第 262 ～ 318 页。

乐器的不断丰富和发展，殷末周初时，人们已经形成了“十二律音高”的概念。从西周到春秋战国时期，宫廷雅乐与民间音乐都获得了快速的发展。《诗经》中除记载了歌谣300余首外，还记载了近30种乐器。1978年在湖北随县发掘曾侯乙墓时发现了一座埋葬于公元前433年的“地下乐器库”，除了众所周知的大型编钟、编磬以外，这里还有十弦琴、二十五弦琴、五弦琴、笙、篪、笛、排箫与鼓等乐器，共计100余件。音调的数学法则可视为在弦线调音的基础上总结出的第一个成功的自然规律，确定音程大小的“三分损益法”在春秋中叶或管子（前719～前645年）生活的年代就已经问世。

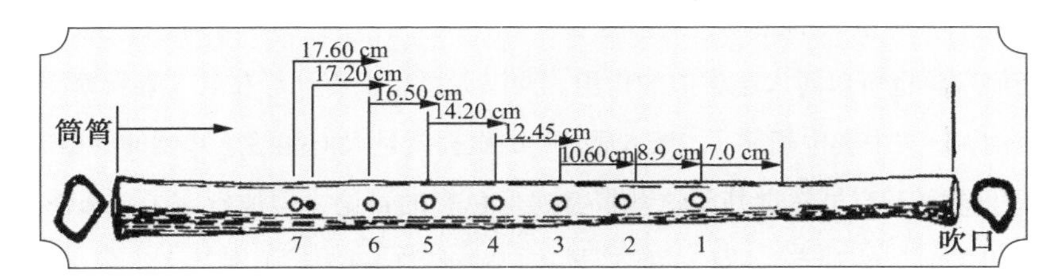

图5–3　河南舞阳贾湖骨笛各音孔与吹口的距离图

从秦汉到明清，歌曲、音乐以及乐器的不断发展，促使“三分损益法”经历了从简到繁、又由繁化简的不断发展。明清时期盛行民歌小曲，戏曲声腔兴起，尤其是丰富多彩的民间艺术进入城市，乐器合奏对旋宫转调产生了迫切的需求，终于在1580年左右导致了“十二等程律”理论的诞生，这也标志着中国古代的声学理论发展到了最高峰。相比之下，西方的古典音乐还要等到约200年之后才产生，此时的西方人还在过着单调的宗教音乐文化生活。

以上是中国古代以音乐和乐器为代表的声学的发展历程。下面我们将简要介绍中国古代的先人们对物理学意义上的声学的探讨。

共振　与乐器调音密切相关的“共振”知识在中国古代很早就出现了。共振现象的发现是乐器和音乐的发展、特别是中国古代所独有的定律调音方法所必然导致的结果。“振动”一词源自《考工记·凫氏》。在记述青铜编钟的设计、

铸造和调音时，《考工记·凫氏》说：“薄厚之所振动，清浊之所由出。”这句话实际上就道出了乐器（编钟）壁厚度的大小与振动、发音高低三者之间的关系。唐代的一些音乐著作不仅描述了振动，还描述了“生源”“气振”等与声音传播有关的术语。

声波　振动所引起的声波也很早就被中国古人所关注。西汉时期，专门占卜耳鸣的阴阳五行家最早提出了“空气波与水波相类似”的观点。他们认为，人的行动可被上天感悟，因为有气波的传达——这显然是受了“天人感应”思想的影响。在古人看来，能够证明这种“感应”的最好的依据就是共振现象了：某一种乐器一根弦的振动，既然能够“超距离”作用在另一乐器上，那么天上的任何现象也可以对人起类似的作用。西汉大思想家董仲舒在其《春秋繁露·同类相动》一文中集中阐述了“天人感应”的根据就是人们能够感知到的共振现象。东汉思想家王充虽然批判了这种带有迷信色彩的言论，但他肯定了“水波与空气波相类似”的观点。明代的宋应星（1587～约1665年）在其《论气·气声》一文中也说：“以石投水，水面迎石之位，一拳而止，而其文浪以次而开，至纵横寻丈而犹未歇。其荡气也，亦犹是焉，特微渺而不得闻耳。”然而，声波是纵波，水波是横波，古人对此不能分辨，我们可以理解。

地听器　中国古人还将振动原理运用到军事等方面。固体（如大地表面）在传声过程中如遇到空穴，即可在空穴内产生混响，这就是声学中所谓的“空穴效应”。利用这种固体传声的“空穴效应”，中国古人制造出了“地听器”。例如，在地下埋一陶瓮，人侧耳贴瓮而听，便可探知远处敌军的人马声，这个陶瓮就是最早的地听器。墨家最早发明了这种原始的地听器，并将其应用到军事战争中。后来，历代兵家也都将地听器作为战争的必备装备。古代将士们在行军途中用空箭袋作枕以闻听敌军的动静也是运用了同样的振动原理。宋代科学家沈括将这种效应准确地解释为“虚能纳声”。

编钟　作为乐器的钟在中国起源甚早，从考古发掘的实物上看，我国的钟

起源于公元前3000年的龙山文化时期，河南汤阴白营遗址出土过这个时期的陶铃，这可以说是后来青铜编钟椭圆截面、舞部平面的肇始。迄今所发现的商周遗址中，作为乐器使用的铜钟多为殷墟时期铸造。商代的铜钟大多三件一组，如安阳大司空村312号殷墓出土的三件组编钟。值得一提的是，小屯村殷墟妇好墓出土过五件一组的编钟，为商王武丁时期的遗物。商代的钟在钟体、钟柄结构、钟口结构、明显的钲部与鼓部位置等方面都已基本定型，是中国传统编钟的前身。不过，普通意义上的圆形钟虽然声音悠扬长久，但是其各种谐波分音很难衰减，其嗡声更不易消失；如果敲击时钟体摆动，又会产生一种“叮叮”声，它和钟的各种声音叠加在一起，往往会产生刺耳的感觉，根本谈不上悦耳；如果圆形钟与其他乐器一同演奏，其钟声往往又会淹没其他乐器的声音。因此，普通的圆形钟自始至终都没能成为一种真正意义上的乐器。相反，有着独特形状、结构的中国编钟却是一种可独奏并可与其他乐器混合演奏的传统乐器。

古代中国的编钟俗称“扁钟”。北宋科学家沈括在其《梦溪笔谈·补笔谈·乐律》中解释道：“古乐钟皆扁如盒瓦。”意思是说，两个具有凹槽的瓦对起来就是古代编钟的形状。椭圆形的壳体是编钟最大的特点，钟体的上半部分称作“钲”，其外表有花纹和类似浮雕般的外突圆乳，称为“钟枚”或“钟乳”；钟体的下半部分称作“鼓”，是敲击发音区；钟口呈弯曲的弧形，称作“曲于”（古称“于”）；钟的内壁不平齐，有许多磨锉调音的痕迹，甚至不少钟的内壁有深沟槽，沿着钟的纵剖面看，中国编钟的内壁不存在像欧洲钟那样整齐划一的声弓结构，而是显示出一道道条形声弓。普通的圆形钟，如具有代表性的欧洲教堂钟，钟肩是半圆球，钟膛内往往有钟舌，钟悬挂起来后，钟体可以任意摆动。中国古代的编钟钟肩（又叫“舞”）是近似椭圆的平面，编钟悬挂起来后基本上处于固定

图 5-4　欧洲教堂圆钟与中国编钟对比图

状态，不能随意摇动，因而只能靠外力敲击才能发出声音(见图 5-4)。[1]

到了西周时期，中国的编钟技术获得了很大的发展。在周代，编钟的形制和结构基本趋于完备，最重要的是，这一时期的编钟在音阶结构方面已经达到了相当高超的水准。其中，最让人震惊的是曾侯乙墓编钟的发现，它是中国古代编钟发展过程中的一座高峰。

1978 年，在中国湖北随县（今湖北随州）出土的曾侯乙墓编钟（见图 5-5）震惊了世界。编钟出土后，文化部随即派部分音乐专家赶赴现场，对全套编钟逐个测音。检测结果显示，曾侯乙墓出土的编钟音域跨越 5 个八度，只比现代钢琴少 1 个八度，中心音域 12 个半音齐全。它高超的铸造技术和良好的音乐性能改写了世界音乐史，被中外专家学者称为“稀世珍宝”。曾侯乙墓编钟还多次在国家重大纪念性活动或仪式上进行演奏。在 2008 年北京奥运会的颁奖仪式上，中外观众在“金声玉振”的颁奖音乐中见证了一枚枚奥运金牌的诞生，颁奖音乐中的“金声”就是来自湖北省声像博物馆曾侯

图 5-5　战国曾侯乙墓出土的编钟

① 参见韩宝强：《编钟声学特性及其在音乐中的应用》，收于李幼平主编：《钟鸣寰宇——纪念曾侯乙编钟出土 30 周年文集》，武汉出版社 2008 年版，第 217 页。

乙墓编钟的原声；而“玉磬”也是用在湖北采集的玉石制作而成的。

在西方，直到9世纪才有编钟一类的乐器出现，但那仅仅是一种既有钟舌、又需敲击的圆形钟。11世纪末至12世纪初，欧洲的文献中才出现了关于制钟的文字记载，而中国的编钟制作教程早在战国时期成书的《考工记·凫氏》中就已经出现了。就目前的中西方乐律史料来看，中国的编钟所蕴含的乐律知识比古希腊、古巴比伦等西方古代文明更加精确和严密，这同时也证明了中国的音阶结构是完全独立于西方而产生和发展的。

1980年前后，中国科学家陈通和郑大瑞对中国古代编钟的声学特性进行了富有成效的研究。他们在研究中发现，当软木槌打在中鼓位置时，可立即产生6～7个（甚至更多）高谐波分音和基音的混合声，但0.135秒后高谐波分音大部分消失，0.5秒后只剩下基音，1秒后基音也衰减了大半。由于编钟悬挂牢固，从不晃动，虽然来自基音的嗡声感不可避免，但并没有叮叮声。因此，编钟能够成为乐器，并可供演奏之用，它甚至可以和多种乐器共同演奏，其效果犹如天籁之音。[①]

三、光学知识的独到探索

中国古代的光学被公认为是发展得较好的物理学学科之一。从战国时期的墨子、东汉时期的王充，到宋代的沈括、元代的赵友钦，再到清代的郑复光、邹伯奇，他们都在光学研究上取得了重要的成就。中国古代典籍中有关组合平面镜、椭圆镜、不等曲率镜、复合透镜等光学知识的记载都远远早于世界其他国家。在中国古代，从事炼丹术的道家和钻研本草药物学的中医对玻璃与晶体

① 参见陈通、郑大瑞：《古编钟的声学特性》，《声学学报》1980年第3期；戴念祖主编：《中国科学技术史·物理学卷》，第354～381页。

极感兴趣，他们不仅积累了一些有关透镜的经验知识，而且在关于分光和颜色的研究方面也走在了世界的前列。

墨子与光学知识　墨子可谓是中国古代最早系统地探讨光学理论的科学家。墨家学者很可能在墨子的带领下做过一些光学实验。《墨子·墨经》中有 8 段文字分别记载了影子、光源与影的关系、小孔成像（见图 5–6）[①]、光反射、物与光源相对位置与影子大小之关系、平面成像、凹面成像及凸面成像。这 8 段文字虽寥寥数百字，但条理清晰、逻辑严密，对光源、影与像均有涉及。让人叹服的是，《墨经》早在公元前 5 世纪就成书了，但其对光学的探讨颇有现代物理学分析光学的思路，这表明中国古人对光学具有理性而又科学的认识。在当时的世界上，中国古人对光学的探索可谓是最先进的。

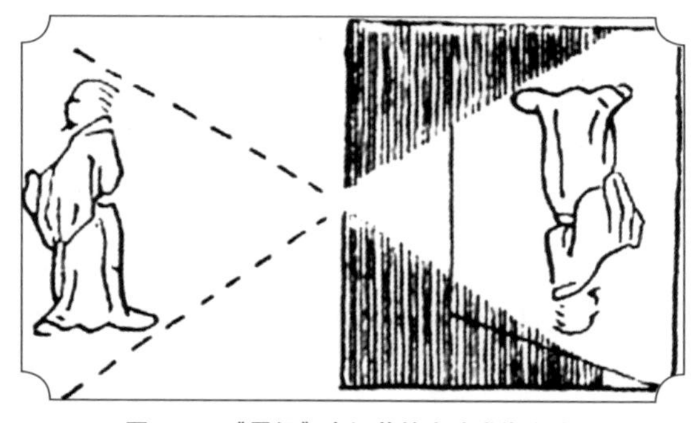

图 5–6　《墨经》中记载的小孔成像实验

凹面镜　我们以墨家对凹面镜的分析为例，简要介绍一下墨家在光学方面的成就。墨家将凹面镜称为“鉴洼”，将凹面镜的焦点与镜心（凹面曲率的中心）之间的距离称为“中”。墨家说：“鉴位（这里作“五”解），景（影，这里指像）一小而易（倒），一大而正，说在中之外内。”现代科学早已证明，这项记录不但完全正确，而且揭示出了凹面镜成像的规律。这一点有考古实物——春秋战国时期的青铜阳燧（即铜制凹面镜）——可以证明。墨家在做光学实验时发现，“阳燧”对日起火的那一点就是焦点。墨家还以凹面镜照人的脸面，并记下了所观察到的镜面成像情况：在凹

① 参见路甬祥主编：《走进殿堂的中国古代科技史》（上），第 228 页。

面镜由远而近接近观察者的过程中，观察者看到的现象是一个缩小的倒立实像迎面而来；当观察者的眼睛接近镜心时，像逐渐模糊，直至不能分辨，因为此时像与眼睛的距离小于人的眼距（约25厘米）；当镜更靠近人眼时，倒立的实像已位于人的脑后，自然无法被人所见。墨家称这段从成像模糊直至不见像的距离为“中”。据称，20世纪20年代剑桥大学曾以类似墨家的实验方法作考题，由此可见中国古人在光学方面的成就之大。

沈括对光学知识的总结　北宋时期的科学家沈括学识渊博，其所著的《梦溪笔谈》一书被科技史学家李约瑟赞为“古代科学的坐标性著作”。宋代沈括的《梦溪笔谈》是一本百科全书式的笔记体著作，其中包含了丰富的科学技术知识。就光学方面而言，该书涉及油膜干涉色彩、衍射色彩、物体颜色及其透光之色、各种冷光（微生物发光、液态磷化氢发光、萤火虫囊发光及腐烂鸭蛋发光）等，将冷光的本质总结为“有火之用，无火之热”。特别重要的是，沈括在对各种曲率的反射镜的成像情况进行描写并解释的过程中，首次对凹面镜的焦点与焦距作了记述。他在《梦溪笔谈》卷三中说：“离镜一二寸，光聚为一点，大如麻菽。”他还在历史上第一次提出了“格术”这一物理概念，以此总括了小孔与凹面镜成像的几何光路，对后来中国光学的发展起了极大的作用。

赵友钦与“小罅光景”实验　宋末元初，出身宗室的赵友钦在其所著的《革象新书》中记录了他的几何光学实验活动及成果。赵友钦设计了一间特殊的用以演示小孔成像的“实验室”，实验室的布置、实验步骤、结论及理论分析记述在《革象新书·小罅光景》中。所谓的“小罅光景”就是今天所说的“小孔成像”（见图5-7）。赵友钦通过四步完成了他的“小罅光景”实验。他通过实验指出：“景之远近在窍外，烛之远近在窍内。凡景近窍者狭，景远窍者广；烛远窍者景亦狭，烛近窍者景亦广。景广则淡，景狭则浓。烛虽近而光衰者景亦淡，烛虽远而光盛者景亦浓。由是察之，烛也、光也、窍也、景也，四者消长胜负，皆所当论

者也。”[①]享誉世界的科技史学家李约瑟先生对此评价道：“他（赵友钦）的‘照度随着光源强度的增强而增强，随着像距的增大而减小’这一粗略的定性照度规律内容，在西方400多年后才由德国科学家莱博托得出‘照度与距离的平方成反比’的定律。而且，他从客观实验出发，采用大规模的实验方法去探索自然规律的科学实践在世界物理学史上也是首创的，比世界著名的意大利物理学家伽利略早两个世纪。”[②]

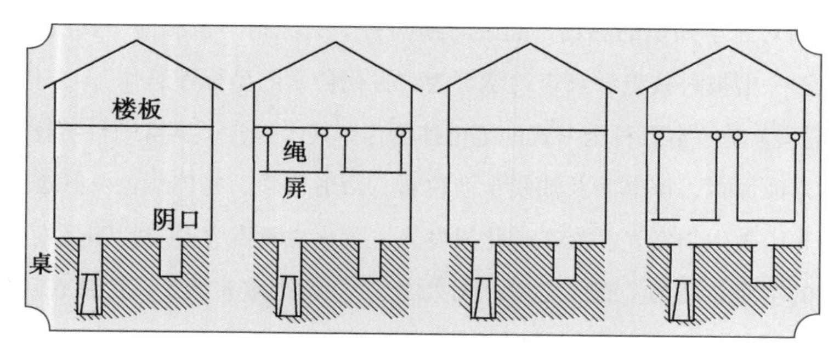

图5–7　赵友钦“小罅光景”光学实验图

郑复与《镜镜詅痴》　清代中期的郑复光（1780～约1853年）也是一位杰出的科学家，他在光学方面的造诣很深。在郑复光生活的年代，近代西方光学知识已部分传入中国。自明末至清朝康熙年间，伽利略望远镜、开普勒式望远镜和格雷戈里式望远镜都已传入中国。伽利略望远镜是折射望远镜，后两者是反射望远镜。当时，中国人统称它们为“千里镜”，又称后两者为“摄光千里镜”。这些望远镜当时在中国流传甚少，有些甚至只在宫廷大内才能看到。就当时光学方面的著作而言，传播较广的是汤若望的《远镜说》，全书4500字，绘有凹、凸透镜成像光路图。然而，书中既无“焦点”“焦距”的概念，成像光路图也

① 参见戴念祖主编：《中国科学技术史·物理学卷》，第199页。
② 转引自赖谋新：《元代高道赵友钦的光学研究和科学成就》，《中国道教》1998年第1期。

是错误的。郑复光以汤氏《远镜说》为研究光学的入门书，在此基础上结合制镜工艺师的经验，自辟理论，摸索制造出了具有各种放大倍率的光学器具，如平光镜、近视镜、老花镜等多种眼睛，还制造了三棱镜、多宝镜、柱镜、万花筒、显微镜、取景镜（原始照相机）、放字镜（原始幻灯机）和望远镜（包括反射式和折射式）。他还根据《四库全书》中《皇朝礼器图式》一书所绘的“摄光千里镜图”，对其镜头的组合、构造及光路进行了探讨。郑复光将他在光学方面的探索写成了著作，名曰《镜镜诊痴》。梁启超在其《中国近三百年学术史》一书中曾给予郑复光极高的评价。他说：“明末历算学输入……而最为杰出者，则莫如歙具郑浣香（郑复光，字浣香——本书注）之《镜镜诊痴》一书。……大抵采用西人旧说旧法者十之二三，自创者十之七八……百年以前之光学书，如此书者，非独中国所仅见，恐在全世界中亦占一位置。”[①]

邹伯奇与光学仪器制造 比郑复光稍晚的邹伯奇（1819 ~ 1869 年）是清代另一位著名的光学家，其流传于世的书稿被后人辑为《邹徵君遗书》，其中《格术补》和《摄影之器记》两篇为重要的光学著作。这两篇著作最大的特点是用数学方法来研究光学问题。梁启超称颂邹伯奇说：“以算学释物理自特夫（邹伯奇的字，作者注）始。”[②]邹伯奇不仅是以数学语言阐释物理（尤其是光学）问题的中国近代史上第一人，他同时还是一位动手能力极强的发明家、机械制造家。他平生制造了多种望远镜（见图 5–8）[③] 和显微镜，

图 5–8 邹伯奇自制的“摄光千里镜”

① 梁启超：《中国近三百年学术史》，北京联合出版公司 2014 年版，第 348 ～ 349 页。
② 梁启超：《中国近三百年学术史》，第 343 页。
③ 参见路甬祥主编：《走进殿堂的中国古代科技史》（上），第 237 ～ 240 页。

又自制了照相机、显影镜，并以“玻璃板摄影术”成功地拍摄了人物肖像，其成就在当时居国际先进水平。

四、中国古代对电的认知

19 世纪前期，英国物理学家法拉第发现了“电磁感应”现象，直接推动了 19 世纪末 20 世纪初世界第二次工业革命的诞生和发展。第二次工业革命最突出的特征就是对电和磁的开发及应用。然而，不论在东方还是西方，在 18 世纪中期以前，对电和磁的研究都处在相当原始的阶段，只有一些零散的对静电或静磁现象的观察记载，而且对电和磁的探讨是相互独立的。不过，与西方近代以前对电和磁的探讨相比，中国古人对电和磁的探索显然要早得多。同时，中国人也是最早将磁石的指向性应用到实际的生产或生活中的，指南针的发明和应用就是最好的例证。

众所周知，中国古人对磁的探索和应用在当时的世界上处于领先地位，但是大部分人对中国古代关于电的探索却所知甚少。其实，中国古人很早就开始了对电的探索，还发现了诸如摩擦能够引起静电等现象。

静电　在古代，中国人很早就发现琥珀和玳瑁是具有摩擦起电性质的两种物质。琥珀是一种透明的树脂化石，玳瑁是一种类似海龟的海洋爬行动物，其甲壳也叫“玳瑁”。东汉的王充、东晋的郭璞在各自的著作中都记述了玳瑁吸取草屑的现象。从魏晋时期开始，琥珀就已经成为中药材之一。中国古代的药物学家就通过以布或手心摩擦琥珀看它是否能吸引草屑的方法来辨别真伪。

除了琥珀和玳瑁之外，中国古人还发现了毛皮、丝绸等物质的静电现象。这些物质的静电现象之所以被发现，可能是由于它们因静电而发生的火花引起了人们的注意。西晋的张华（232 ～ 300 年）在其所著的《博物志》一书中记载了梳头和脱衣（丝绸质地）时的静电闪光和发电声。需要指出的是，由于当时

古人对静电现象的认识有限，因此他们常常将静电当作怪异的事情来看待，甚至还充满了恐惧感。《晋书·五行志》就记载了这样一件事：西晋永康元年（300年），也就是张华去世的这一年，晋惠帝司马衷纳羊氏为皇后，羊氏入宫就寝，侍女为其解衣，结果“衣中忽有火，众咸怪之”。这在当时被普遍视为不祥之兆。尽管中国古人不解其中的道理，但他们对梳头发和解衣服时发生静电放电现象的记载却比西方人早得多。直至17世纪，罗伯特·波义耳（1627～1691年）才发现用梳子梳头时能够产生吸附细小物体的静电，艾萨克·牛顿（1643～1727年）也是在此时才发现摩擦丝绸能够产生静电闪光和爆裂声。

雷电　雷电是古人很熟悉的一种自然现象。早在距今约3500年前的殷商甲骨文中，就已经有“雷”和“电”字了。东汉学者王充（27～约97年）在《论衡·雷虚》中明确提出了云和雷电的关系。他说：“云雨至则雷电击。”这说明雷电出现的气象条件已为中国古人所熟知。中国古籍中关于雷电的记载比比皆是。其实，对雷电的观察西方很早就都有记录了，但中国古人对雷电成因及其本质的探讨在当时的世界上却是居于领先地位的。

14世纪时，明代的刘基（1311～1375年）说：“雷者，天气之郁，而激而发也。阳气团于阴必迫，迫极而迸，迸而声为雷，光为电，犹火之出炮也。而物之当之者，柔必穿，刚必碎。非天之主以此物击人，而人之死者适逢之也。”[①]刘基将雷电的成因解释为天之阳气与阴气摩擦而生，并将其形象地比喻为火炮发射的过程。他甚至指出，雷击人并非是天有意为之，而是人正好赶上雷击而死。在14世纪时，人们对雷电击人还存在许多迷信的解释，刘基这种坚持科学、反对迷信的观点可以看作近代大气电学诞生的先导。

虽然中国古人对电的认识较西方人要早得多，但中西对电的认识却殊途同归。在中国，古人一致认为天空中的闪电就是电，“电”字就是根据雷电现象而

---

① （明）刘基著，林家骊点校：《刘基集》卷五《雷说上》，浙江古籍出版社1999年版，第141页。

创造的。如王充在《论衡·雷虚》中很早就以雷电烧焦人的头发、皮肤、草木等5个例子证明了雷电的本质是火，但他却将摩擦起电归为火或光一类，认为静电的放电闪光是一种奇异的火光。与古代中国相反，在西方，各种人工摩擦起电被看作是电，而天空中的闪电长期一直不被看作是电。到了18世纪，美国科学家富兰克林（1706～1790年）为了证明天空中的雷电与在地面上摩擦琥珀引起的电是一样的，冒着生命危险做了风筝实验，得到了“闪电也是一种电现象”的结论。富兰克林的论证方式及论证证据几乎都与王充相同，由此可见中国古人对电现象探索之精到。此后，经过19世纪电磁学的发展，人们才认识到光的本质就是电磁波，这才终于在科学上证实了中国古人的猜想。[①]

五、领先世界的磁学

“磁石吸铁”现象的发现 中国是世界上最早发现“磁石吸铁”现象的国家。早在春秋时期，齐国的管仲就已经发现了磁石与其他金属矿的共生特点。《管子·地数》中说：“上有慈石者，其下有铜金。”这里的“慈石”即“磁石”。目前，学界基本断定《管子》一书大致成书于战国时期，但是该书所记载的内容和思想却基本反映了春秋时期管仲的思想精髓。由此我们大致可以推测，中国人认识到“磁石吸铁”的现象可能要早于管仲生活的年代，即公元前7世纪左右。战国至秦汉时期，铁制农具逐步推广，人们对“磁石吸铁”的认识更加准确。战国后期，秦国相国吕不韦主持编纂的《吕氏春秋·季秋纪·精通》写道：“慈石召铁，或引之也。”汉代高诱在其注中说：“石，铁之母也。以有慈石，故能引其子。石之不慈者，亦不能引之也。”这是关于“磁石”得名的最早记载。从中我们也可以看到，中国古人将“磁石吸铁”的特性比喻为母子之间的亲情关系，

① 参见戴念祖主编：《中国科学技术史·物理学卷》，第386～398页。

这种解释直到明代李时珍著述《本草纲目》时还在沿用。尽管这种解释没有从物理学的角度出发阐释磁石吸铁的原因，但毋庸置疑的是，早在公元前 7 世纪或者更早些时候，中国古人就已经发现了磁石吸铁的现象。

抗磁性 磁石可以吸铁，但不能吸引其他的物质，这一现象也是首先被中国古人所发现，这就是物理学上所谓的“抗磁性”。《淮南子·说山训》中说：“慈石能引铁，及其于铜，则不行也。”铜是抗磁性物质，它的磁化率为负值，因此不能被磁石所吸引。这是人类首次发现物质的抗磁性的记载。人们一般认为，抗磁性是德国物理学家安东尼·布鲁格曼（1732 ～ 1789 年）在 1778 年发现的，他在这一年观察到了铋被磁铁排斥的现象。其实，中国古人早在西汉时期就已经发现了这一规律。

磁石排斥现象 早在西汉时期，中国古人就发现了磁石的排斥现象。比起吸引性，磁石的排斥现象并不那么容易被发现。但是，中国古人以磁石做成棋子，在博弈的过程中发现了它。汉武帝元狩二年（前 121 年），胶东方士栾大向汉武帝献“斗棋之术”。《史记·封禅书》中记载道：“斗棋，棋自相触击。”“自相触击”即指棋盘中的棋子相互吸引或排斥。尽管当时汉武帝不明白磁石具有同极相斥的特性，但是方士出身的栾大应该懂得其中的奥秘。这是世界上最早发现的有关磁体排斥作用的记载。

早在战国时期，中国古人就用天然磁石制成了“司南”；到了唐代，司南开始向指南针过渡；到了宋代，关于指南针的记载日益丰富起来。因此，宋代是我国古代磁学知识发展和应用的高峰时期。

地磁偏角 北宋的杨维德所著的《茔原总录》是迄今所发现的最早记载了“指南针”的文献。最可贵的是，该书还最早记载了地磁偏角现象。《茔原总录》是一本用来看风水的相墓书，成书于宋仁宗庆历元年（1041 年）。中国古代的堪舆家看风水、选墓地离不开指南针。杨维德在《茔原总录》卷一中写道：“匡四正以无差，当取丙午针。于其正处，中而格之，取方直之正也。”这句话的意思是说，

若要无差错地确定四方的方位，指南针的方向必取丙午之间。此时，午位是地理正南方。这说明杨维德在看风水的活动中已经发现了指南针的南向与地理南向之间存在偏差，这就是物理学上所谓的“地磁偏角”。杨维德虽然没有直接指出这种偏差，但是他却从堪舆的实用角度出发，提出了一种以磁针指向来校正地理方向的方法。半个世纪之后，沈括在《梦溪笔谈》中明确地将地磁偏角记为“常微偏东，不全南”。地磁偏角的发现是中国古代科学史上的一个巨大成就。在西方，地磁偏角是哥伦布在 1492 年的航海中发现的，这比北宋杨维德的记述要晚 451 年。

可以说，从发明并使用司南起，中国的先民们就已经发现了磁体的指极性。然而，就文字描述而言，直到北宋的沈括才进行了详细的记载。沈括发现磁针有指南也有指北的特性，他在《梦溪笔谈·补笔谈·药议》中描述其情状为“犹柏之指西，莫可原其理”。从工艺技术上看，只有在突破了司南这种只有勺柄的单端结构并出现指南针后，人们对磁体的指极性才能有一个全面、科学的认识。然而，囿于认识水平，当时的人们并不知道地球是个大磁体，具有南、北两极，因此指南针的两极就分别指向地磁两极。直到 1600 年吉尔伯特的《论磁》问世，这种情况才逐渐为公众所知晓。但是，毫无疑问的是，沈括对磁针指向性的发现在当时的世界上居于领先水平。①

中国古代应用磁学的最显著的例子就是指南针的发明及其在航海事业中的应用，这个影响世界的了不起的成就是建立在中国历代科学家对磁学知识不断探索的基础上的。尽管这些知识大都来自生产或生活经验，但是对它们的应用却改变了世界的面貌。

① 参见戴念祖主编：《中国科学技术史·物理学卷》，第 399 ～ 424 页。

六、冷热知识的积累与运用

热学是近代物理学中最后形成的学科之一。尽管如此，中国古人却在很早的时候就对冷热现象进行了积极的探索。

除太阳以外，火是上古时代人类唯一的热源。早在史前社会时期，人们就已经学会了使用火。从近代以来在中国大地上发掘的远古人类遗址来看，生活在旧石器时代的北京人就已经懂得如何保存和利用天然火种，并且懂得用火来烧烤食物。新石器时代的山顶洞人已经懂得人工取火了。据典籍记载，通过摩擦生火的办法是燧人氏发明的。《庄子·外物》记载，战国时期的人们已经懂得“木与木相摩则燃”的热学基本规律。铁器时代来临后，人们又发现了铁与石相碰击能发火的规律，并由此发明了火石镰。

活塞式取火器 尤其值得我们注意的是，我国的少数民族也发明过种种取火工具，其中最为著名的是景颇族发明的活塞式取火器。其看似简单，原理却不简单（见图 5–9）。景颇族的取火器以牛角作外套筒，推杆为木制，杆子前端粘缚艾绒。取火时，通过推拉杆上下摩擦牛角内壁，利用封闭系统（牛角内腔）不与外界发生热交换的原理，使得系统内温度急速升高，从而达到燃点。这种取火器在热力学诞生之前就在实践中运用了绝热压缩的原理。后来，这种取火器通过东南亚传到了欧洲，被称作“活塞式点火器”。[①]

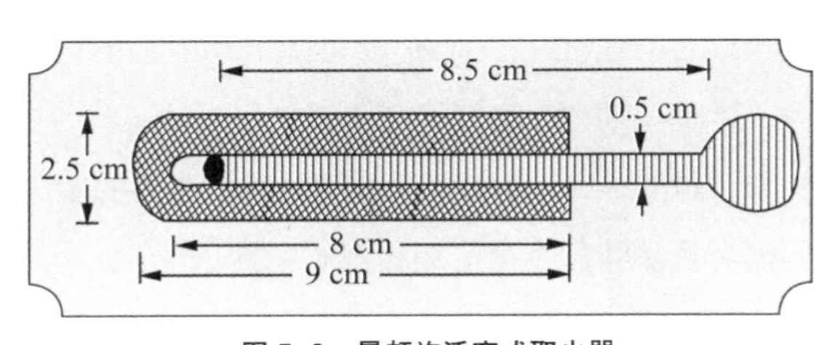

图 5–9　景颇族活塞式取火器

引火柴 唐宋时期，中

① 参见戴念祖主编：《中国科学技术史·物理学卷》，第 425 ～ 448 页。

国古人发明了原始的火柴。生活在五代十国时期的陶谷在其所著的《清异录》中对这种原始火柴作了记述："杭人削松木为小片，其薄如纸，镕硫黄涂木片顶分许，名曰发烛，又曰焠儿，盖以发火及代灯烛也。"意思是说，当时的人们将杉木切削成薄如纸的小片，将硫磺涂抹在木片的一端，当它与热灰烬或高温物体接触后即能生火。这种火柴只能在与火或者高温物体接触后才能生火，因此它还不是现代意义上的摩擦火柴，而只能算是一种引火柴。宋代的市场上成批地出售这种引火柴，并称其为"火寸""发烛""焠儿"或"引光奴"。直到 17 世纪，随着近代化学的兴起，涂有化学药品的摩擦生火的火柴才诞生，而最先应用硫磺作为火柴头涂料的是 9 世纪的中国古人。

在生活中，人们有时候需要加温，有时候却需要降温。高温和低温都是热学研究的内容。早在西周时期，中国的古人们就已经懂得挖地窖储藏冬天的天然冰，以待来年盛夏时使用。《诗经·豳风·七月》就记载了凿冰、藏冰、取冰的相关情节："二之日凿冰冲冲，三之日纳于凌阴。四之日其蚤，献羔祭韭。"古人用冰主要是为了给食品（主要是肉类）、酒水以及尸体降温，也有在盛夏食用以解暑的。在没有现代制冷设备的情况下，古人能想出将冬天的天然冰储存到盛夏的方法，实属不易。

对热运动的感知　热究竟是什么？是物质还是运动？这是 18 世纪科学界争论的核心问题之一。直到 19 世纪上半叶，还有许多人相信热是一种物质，或称为"热质"。现在，我们早已知道热是一种运动，这一结论是英国科学家本杰明·汤姆森（1753 ～ 1814 年）从炮膛钻孔的摩擦实验中得出的。不过，在古代的中国，人们对热是物质还是运动却都有阐释。

约成书于西周末年春秋初年的《尚书·洪范》就已经归纳出万物是由金、木、水、火、土五种物质组成的"五行"理论。可见，中国人很早就将火视为组成自然万物的基本元素之一。《墨子·经下说》在解释"五行毋常胜"时曾提出"火离木，燃"的说法，意思是说，燃烧是火离开木的缘故。火的产生源自物质，

这是墨家在对热的认识上的一大进步。相反，《庄子·外物》中说“木与木相摩则燃”，《淮南子·原道训》中也讲“两木相摩而燃”。两书本来是介绍一种取火方式的，但立足点却都在“摩擦”运动本身。在其作者看来，两木静止是不可能燃烧的，只有通过摩擦运动才能燃烧。生活在唐末五代的谭峭（约 860 ～约 968 年）抓住了热燃烧的实质。他在《化书》中写道：“动静相摩所以化火也。”谭峭正确地解释了钻木取火、摩擦生火的实质——火是由于“动静”相摩擦即运动的结果。

温度及热传递 除了热的本质外，中国古人对温度、温差也有一定的认识。在温度计发明以前，人们常常以自己的感觉（如以手触摸物体）来判断物体的温度高低。这种以体温为标准的“触摸感觉法”只能判别一定范围内的温差。古代人所谓的冷、寒、凉、温、热、烫等，都是温差概念而不是特定的温度。感觉法往往因人而异，对某些特定的温度很难做到精确区分。但是，人的体温是恒定的，中国古人很早就意识到这一点。北魏的贾思勰在《齐民要术》中曾指出，牧民在制作奶酪时常使奶酪的温度“小暖于人体”，制作豆豉时“令温如腋下为佳”。人的腋下温度较为稳定，迄今仍为医疗界所采用。北宋的蔡襄在《茶录》上篇中记录了茶农炒茶的过程：“用火常如人体温。”“若火多则茶焦不可食。”元代农学家王祯在《农书》中谈到养蚕的气温如何把握时指出，养蚕人在蚕室内需穿单衣，“以为体测”，即以自己的体温来测定蚕室的温度，具体操作方法是“自觉身寒，则蚕亦必寒，使添熟火；自觉身热，蚕亦必热，约量去火”。

温度的高低常常与热传递有关，对此，汉代的王充有极其精彩的阐释。他在《论衡·寒温》中写道：“近水则寒，近火则温，远之渐微。何则？气之所加，远近有差也。”王充实际上已经揭示了热传递现象与距离远近的关系。王充以“气”的观念来解释这种现象，在当时已经相当高明了。他在《论衡·感虚》中甚至探讨了热量大小与发生热传递的外界系统的关系。他说：“夫熯一炬火爨一镬水，终日不能热也。倚一尺冰，置庖厨中，终夜不能寒也。何则？微小之感不能动

大巨也。”意思是说，用一根火烛烧一锅水，一天也热不了。将一尺长的冰块放在厨房里，一整夜厨房也不会变寒冷。这主要是因为热的能量太小，不足以影响或改变巨大的外界系统的温度。王充的这些思想尽管源自生活实践，但是在世界古代科学史上却是非常先进的。

七、圭表和日晷

在中国古人研究光学的过程中很早就注意到了“影”的现象。在有光的条件下，古人最容易观察的就是“影”和“形”。在中国古代，影是被用来制造最早的“科学仪器”（即圭表）的依据。有了光，物体就能形成影子。古人最早观察到的影子来自太阳的照射。太阳是人类最大的光源，也是最早接触到的光源。太阳东升西落，影子则从朝西转向朝东。影子的方向与长度都会随着时间的变化而逐渐变化。等人们逐渐掌握了太阳东升西落与影子的运动规律后，就开始立竿或石柱于地面，通过影子的方向和大小变化来测定方向和时间。这种仪器称作“表”，古籍上记为“竿”“槷”“臬”“髀”等。它可谓是人类历史上最早发明的科学仪器之一。

圭表　早在商代，人们就已经发明了“表”这种科学仪器。通过对甲骨文“中”字的释读，我们推测“中”字中间的“丨”实际上就是简单的“表”，其象征意义就是以竿测影。据《诗经・大雅・公刘》所载，周人已经能够根据日影来界定山南北的土地版图了。这说明古人很早就已经根据日影的变化来安排生产和生活了。

事实上，测量影长的工具叫“土圭”。圭本是玉质的礼器。据《考工记·玉人》载：“土圭，尺有五寸。以致日，以土地。”“致日”就是测量日中表影的长度，“土地”本为名词，这里作动词，即丈量土地。后来，土圭和表合成了一种仪器，叫作“圭表”。圭表的诞生应该不晚于秦汉之际。江苏仪征石碑村曾出土了一具东汉小型

铜质圭表(见图 5-10),其长 34.5 厘米,上刻有尺度,表与圭以轴连接。表竖立后,自圭面至表顶高 19 厘米。这种小型铜制圭表比实际的圭表缩小了 10 倍,其设计相当精巧、方便。①

图 5-10 汉代铜质圭表(江苏仪征东汉墓出土)

日晷 在中国古代,还有一种以日影指示时刻的仪器,称为“日晷”(见图 5-11)。日晷的表盘中央插有一根金属针,表盘是圆形的,并刻有分度。金属针影在盘面上的移动就代表了太阳每日的运动。因此,用日晷可以测定每日白昼的时刻。不过,这些以日影测定方位和时刻的仪器都有一个不小的缺点,即由于日光散射和漫反射的影响,影子边缘并非一条清晰、笔直的直线,而是模糊不清,这就影响了测量的精确度。

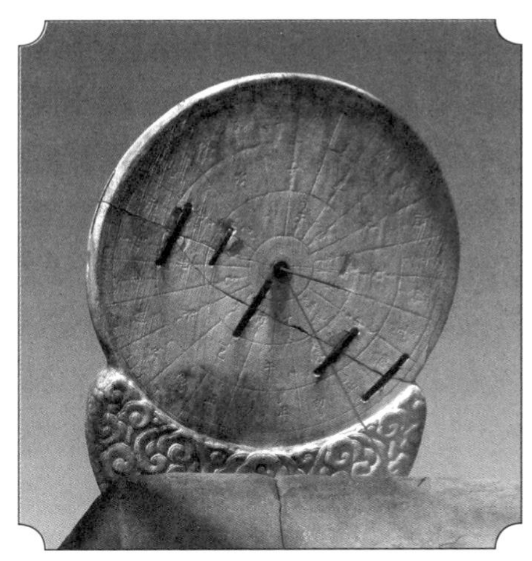

图 5-11 清中期皇帝御用日晷(北京故宫博物院藏)

鉴于圭表的这种缺点,沈括于熙宁七年(1074 年)在其所著的《景表议》一文中首次提出了改进的方法。他虽然不知道日光散射和漫反射,但指出了表影模糊的原因,即造成日光散射和漫反射的原因,这是人类在观察和认识自然方面的重大进步。沈括已经意识到,表影模糊主要是由于“浊氛相杂”“人间烟气尘坌变作不常”,故而“景致短长

① 参见戴念祖主编:《中国科学技术史·物理学卷》,第 182 页。

未得其极数”。所谓的“浊氛”“烟气尘坌”，就是大气中的各种灰尘粒子；所谓的“极数”，就是精确的表影长度数值。有鉴于此，沈括提出了两项颇具物理意义的改进办法：其一，将圭表置于清洁的密室内，在室顶开一道缝，以便阳光射入室内；其二，增加一个高约 13.2 厘米的副表，观测时将副表置于景表的阴影中，使两表的影端重合。沈括改进后的圭表在一定程度提高了测量精度，这在当时的世界范围内来看也是相当超前和先进的。

河南登封观星台 出于解决同样的难题，元代的科学家郭守敬也对圭表进行过一次改进。他先是创立了“高表”，即将传统的约 2.64 米的表高增加到约 11.9 米，又在表顶架设了一根直径约 10 厘米的横梁。这样，测量时，传统的测定表影端的位置变为了测定梁影中心的位置。但是，在确定后者时仍然会受到梁影边缘虚影大小的影响，而且表越高、影越长，虚影的范围就越大。为了彻底解决这一问题，郭守敬发明了“景符”，这是一种根据小孔成像原理设计的测量仪器，从而真正解决了圭表影子模糊的难题。1279 年前后，郭守敬在河南登封的告成镇设计并建造了一座测景台，即河南登封观星台（见图 5–12），它是中国现存最早的古代天文台。整个观星台相当于一个巨大的测量日影的圭表。高耸的城楼式建筑相当于一根竖在地面上的杆子，称为“表”；台下有一个类似长堤的构造，相当于测量长度的尺子，称为“圭”，也叫作“量天尺”。城楼式建筑上有一个高 9.46 米的平台，上有两间小屋，一间放漏壶，一间放浑仪，两间屋子之间还有一根横梁。地上的量天尺长 31.19 米，位于正北方向。每天正午，太阳光照在横梁上的影子投射在量天尺上。通过

图 5–12 郭守敬主持设计建造的河南登封观星台

测量一年当中影子长度的变化，就可以确定一年的长度。由于圭表的测量精度与表的长度是成正比的，因此这个硕大的“圭表”的测量精度非常高。

通过上面的叙述可知，圭表和日晷是中国古人利用日影测量时间和方向的古代天文仪器。圭表除了可确定时间和方向外，还可以在测定正午日影长度的基础上确定节令、回归年和阳历年。在很长的一段历史时期内，中国人所测定的回归年长度的准确度居世界第一。通过进一步的研究计算，中国古代的学者还掌握了二十四节气的圭表日影长度。这样，圭表不仅可以用来制定节令，还可以在历书中排出未来的阳历年以及二十四个节令的日期，作为指导中国古人农事活动的重要依据。

八、指南技术的发明与进步

司南　指南针是世界公认的影响了世界历史进程的中国古代四大发明之一。据传统典籍记载，指南针的前身是司南。现代文博学家王振铎先生据《韩非子·有度》和《论衡·是应》的记载，成功地复制了司南（见图 5-13）。[①]据文献记载，司南的创制时间当早于战国末期。司南的柄杓是以天然磁石打磨而成，利用了磁石的南北指向性，其主要功能可能是在看风水时辨别方位。据文献史料记载，从战国到秦汉再到唐代，人们不断地制

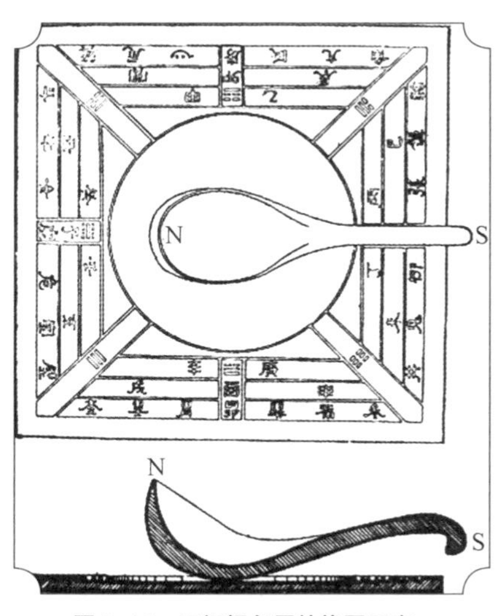

图 5-13　王振铎复原的战国司南（上为俯视图，下为侧视图）

① 参见路甬祥主编：《走进殿堂的中国古代科技史》（中），第 193 页。

造并使用司南。从以天然磁石制作司南到以磁化的方法制作指南针，在科学方法和科学认识上都是一次飞跃。唐代是由司南向指南针过渡的孕育阶段，这个过渡约在唐宋之际完成，因为入宋后有关指南针的文献突然丰富了起来。在宋代，人们不仅制造了各种指南针，还发现了地磁场和用磁铁磁化铁针、铁片的方法。在应用指南针的过程中，中国古人又发现了地磁偏角。这些内容我们在前文已有介绍，在此不再赘述。下面，我们主要介绍一下中国古代指南针的制造和应用。

指南针　在唐代以前，司南的柄杓都是用天然磁石磨制而成的。将普通钢针磁化是本草学家的贡献，将磁针作为方向指示器而称为“指南针”则是道家和堪舆家共同的杰作。再后来，堪舆家又对指南针进行了改进，将指南针放置在标有方位的铜盘上，完整意义上的指南针就诞生了。

作为一味具有安神醒脑功效的中药，磁石很早就得到了本草药物学家的关注。本草药物学家鉴别磁石优劣的方法即是视其吸引钢针数量的多寡。从南朝萧梁时期的陶弘景到隋初的道士苏元朗，他们都在著述中提到过磁石吸引钢针的特点。唐代的苏恭在其所著的《唐本草注》中指出：“初破（磁石——本书注）好者能连十针。”即是说，在刚刚挖掘的磁石矿中，磁性好的磁石能够吸引10根钢针。通过鉴定磁石的质地，人们发现了磁石能够使普通钢针磁化的现象。目前发现的对指南针记述较早者当为生活在晚唐的段成式（803～863年）。段成式在《酉阳杂俎续集·寺塔记上》中描述了他出游时用指南针辨别方向的情况。当时，人们远游时常带着“磁针石”（磁石和磁针），迷路时便将磁针放入盛满水的钵中，以察其指向。这也是较早的关于“水浮指南针”的记载。

在段成式之后约200年，即公元1000年左右，关于指南针（更确切地说是“罗盘”）的记载几乎同时出现在了王汲（约988～1058年）注的《管氏地理指蒙》、杨维德的《茔原总录》和曾公亮的《武经总要》3本著作中。后来，沈括在《梦溪笔谈》中将指南针的制作、使用过程记载得更加清楚、准确。这表明，最晚

到 11 世纪，中国古人就已经发明了用磁铁摩擦钢铁的感应磁化方法，这就为指南针的诞生铺平了道路。

当时，人们已经发明了多种制作指南针的办法，如水浮法、丝线悬针法等。水浮法是将针轻轻放在水面上；或者用几根短小的空心禾草或灯芯草之类重量较轻、茎干空膛的物体作为钢针的载体，将针插入草茎并使其自由地浮在水面上。这样，磁化的针在地磁场的作用下就能够指示南北方向。后一种办法效果最好，故而在宋元时期获得了极为普遍的应用，以至于人们还特制了一种大瓷碗以专门用来放指南针。目前，人们在元代磁州窑等多处遗址中都发现过这种碗。这种针碗的特点是内腹底部画有类似“王”字的图形（见图 5–14）。[①] 文博学家王振铎先生根据“王”字碗考证，它的用法是将碗内盛水至碗壁圆圈水线处，然后将磁针用灯芯草等浮力较大之物别住，使磁针浮于水面。把碗套接于一个有刻度的罗盘中间，这就形成了一个针碗罗盘。在船上使用的时候，先将碗内“王”字中的细线与船身中心线对齐，如船身转向，磁针和该细线便会形成夹角，从而显示航向转移的角度，以此可用来绘制航线，辨别航向。也有人将指南针放在光滑的指甲或碗沿上，这种方法的优点是磁针运转迅速，缺点是容易滑落，操作较难。特别是在颠簸的海上，这种方法便难以操作。丝线悬针法出现在宋元时期，当时的人们常用单根蚕丝悬挂磁针，再用芥子大小的一点蜡将蚕丝和针粘连在一起。在这几种方法中，水浮法是水罗盘的始祖，丝线悬针法比 1777 年法国物理学家库仑

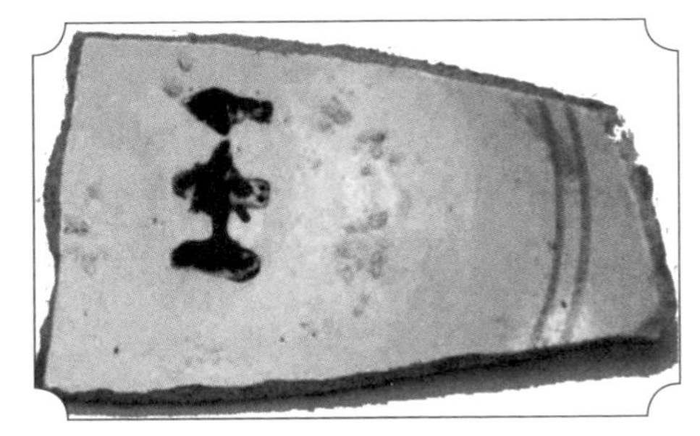

图 5–14　宋代针碗碗底残片（山东胶州板桥镇出土）

① 参见青岛市文物保护考古研究所编著：《胶州板桥镇遗址考古文物图集》，科学出版社 2014 年版，第 39 页。

（1736 ～ 1806 年）提出的用细头发丝或丝线悬挂磁针来改良航海指南针的方法要早 600 年。从这些对比中我们可以看出，中国古人在发明和运用指南针方面在古代世界中有多先进。

罗盘　前述的几种方法固然可以大体判断方向，但是要想精确地辨别方向，指南针还要与有刻度的罗盘相结合。指南针在航海上是全天候的导航工具，弥补了天文和水文导航的不足，开创了航海的新纪元。同时，航海活动也进一步促进了指南针的发展。南宋时期，人们开始把磁针与分方位的装置组成一个整体，这种仪器在近代叫"罗盘"，在古代称为"地螺（罗）"或"针盘"。航海所用的罗盘有"水罗盘"与"旱罗盘"两类：水罗盘是用圆木做一标有方位的罗经盘，中心挖一盛水用的凹洞，在凹洞中盛满水，让磁针浮漂在水面上，磁针便可以指示南北；旱罗盘则是用一根尖的支柱支在磁针的重心处，尽量减少支点的摩擦力，使磁针在支柱上自由灵活地转动以正确地指向南方。两者相比较，旱罗盘比水罗盘更适用于航海，因为它有固定的支点，不像水浮针那样会游荡，因而更加稳定准确。

图 5-15　手捧大罗盘的"张仙人"俑（江西临川出土）

长期以来，旱罗盘的诞生国度及时代一直是个悬而未决的难题。有人认为旱罗盘是欧洲人发明的，直至 16 世纪初由日本传入我国。然而，1985 年 5 月，在江西临川温泉莫源李村南宋庆元四年（1198 年）朱济南墓中出土了一大批陶俑，大部分陶俑底座上都有墨书题名。其中有一件题名为"张仙人"的俑，俑高 22.2 厘米，手捧一件大罗盘（见图 5-15）。[①]此罗盘模型中磁针的装置方法与宋代的水浮针不

① 参见戴念祖主编：《中国科学技术史·物理学卷》，第 408 ～ 424 页。

同，其菱形针的中央有一明显的圆孔，这形象地表明其采用的是用轴支承的结构。这件文物解决了学术界多年悬而未决的难题，它雄辩地证明：早在 12 世纪，我国就已经开始使用旱罗盘确定方位。这比传统观点提前了 300 ～ 400 年。

第六章 传统工艺与化学知识

化学是自然科学中重要的基础学科之一。作为一门独立的学科，化学诞生于17世纪，19世纪后逐渐传入中国。从现代学科意义上讲，如同古代的物理学一样，化学在古代世界（包括中国）也没有形成一门专门的学科。不过，古代虽然没有化学，但并不代表人们没有掌握化学知识，因为化学现象遍布自然界，人类的活动没有一天能离开它。古人的化学知识是他们改造自然、利用自然的重要理论依据。从这个角度来看，古代的化学可视为“应用化学”或“实用化学”。在古代，不论是中国人还是西方人都在实践中接触、认识、总结着化学知识。但是，较之西方，中国古人在生产和生活实践中对化学知识的总结和应用是遥遥领先的。随着人类交往范围的扩大，中国古代先进的化学知识也逐步传播到了西方，并对西方社会产生了深远的影响，一个突出的例子就是火药的传播。包括化学知识在内的中国传统科技文化不仅对中国传统社会的发展产生了深远的影响，而且还影响了世界历史的发展进程。

中国的陶瓷技术不仅在世界上发展得很早，而且工艺先进。龙山文化时期的蛋壳黑陶杯通体黑亮、光滑，胎壁薄如蛋壳，堪称是一件世界艺术精品。试想，如果古人没有足够的关于烧制陶器的化学知识，又怎么可能拥有这样高超绝伦的工艺呢！在发达的陶艺技术的基础上，中国的瓷器制造业最终在汉末形成。中国的瓷器制造工匠师傅们逐渐掌握了瓷器制作过程中的“还原”和“冷却”等几个关键的化学步骤。在一代代匠人们的辛勤劳动之下，中国的瓷器制造业逐渐发展了起来，并在唐宋时期达到高峰。明清时期，中国的青花瓷工艺更是惊艳世界。中国的瓷器与丝绸一样成了中国在世界上的文化符号。这些成就的取得，离不开中国古人对烧制陶瓷这类化学知识的总结和传承。

中国虽不是世界上最早使用铜器和铁器的国家，但古代中国的冶金技术却一直遥遥领先于世界其他国家。商周时期，中国人不但制造出了重达800多公斤的司母戊大方鼎，还制造出了精巧绝伦的四羊方尊。聪明的中国古人不仅为后世留下了不朽的青铜器具，更重要的是还留下了冶炼青铜的技术知识。成书

于战国之际的《考工记》就详细记载了冶炼青铜的“六齐”之法。在青铜冶炼技术的基础上，中国的钢铁冶炼技术迅速发展。春秋战国之交，中国古人就已经发明了“生铁柔化”技术，这种技术比欧美近代出现的“白心韧性铸铁”技术和“黑心韧性铸铁”技术要早2000年以上。1世纪左右，中国的冶铁工匠发明了使铸铁脱碳成钢的“炒钢”技术，这项技术比欧洲早了约1900年。不久，汉代的冶铁工匠又发明了“百炼钢”技术。南北朝时期，在炒钢工艺和百炼钢技术的基础上，中国古人又创造出了“灌钢”技术。中国的灌钢技术在世界冶金史上一直处于领先地位，直到近代才被西方超越。这些成就的取得势必离不开冶金化学知识的经验总结。从这个角度来看，中国传统的冶金化学知识至少在近代以前是居于世界领先地位的。

中国古代炼丹家的炼丹活动最具有现代化学实验的性质。为了炼制出长生不老的丹药，中国古代的炼丹家大胆地将自然界的各种物质放置进密闭的丹鼎中进行加热实验。他们的炼丹房犹如现代的化学实验室，丹鼎就是实验仪器；他们在实践中积累了大量的科学素材，客观上对人们探索化学知识做出了重大的贡献。中国古代的炼丹家曾对水银、铅、硫磺、砷等无机化学成分进行过广泛的研究。在炼丹的过程中，他们发明了火药。火药的发明和传播对近代世界历史的发展起了重大的推动作用，这项功劳应该归功于中国古代的炼丹家对化学物质的不断探索。

中国古代的酿造化学也很发达。以酿酒为例，早在商周时期，中国古人就掌握了用曲制酒的技术，这在世界酿酒史上具有鲜明的特色。在印染化学方面，中国古人把矿物和植物作为染料的来源。从出土的考古实物我们也可以推测中国古代印染技术之发达。中国古代有很多非常优秀的印染工艺，如靛蓝印染工艺。这些成就充分体现了中国古代的印染匠人们高度的聪明才智，他们为美化人类的生活做出了卓越的贡献。

中国古代的化学是中国古代灿烂文明的一个重要组成部分，也是中国传统

文化的重要组成部分。中国古代的化学虽未形成现代学科意义上的理论，但其在实用性方面却一直走在世界的前列，直到近代以来现代化学诞生后为止。中国古人的化学知识是中华民族的优秀文化遗产，我们要学习古人的创新和创造精神，在继承前人成就的基础上对其进行创造性的转化，这也是我们学习中国传统文化知识的重要目的之一。

一、陶瓷工艺

制陶业　陶器的出现是人类跨入新石器时代的重要标志。原始人在旧石器时代所用的生产或生活资料大多是就地取用的天然材料或用天然材料经简单加工而成，如石器、木器、骨器等。随着人工取火方法的掌握，人类社会的生产力也获得了极大的进步。大约在 1 万年以前，原始人开始学会利用黏土烧制陶器。陶器是人类掌握的第一种人工材料制品，也是人类利用化学手段创造的第一种自然界中原本不存在的物质。

陶器为人类提供了储存和烹制食物的新方法。陶制烹饪器和陶制炉灶使食物的烹饪方法突破了单一的烧烤形式，促进了人类智力的发展。此外，陶制塑像的出现也是原始信仰和原始文化萌芽的重要物质基础。总之，陶器的使用和发展极大地促进了原始社会生产力的发展，并在人类社会文明进程中发挥了不可估量的影响。作为人类在认识自然、改造自然的过程中取得的首批重要成果，人们在发明和发展制陶工艺的过程中掌握了一整套化学知识。用现代化学术语来说，制陶即是以黏土为原料（黏土是由某些岩石，如云母、石英、长石、高岭土、方解石的风化产物及铁质、有机物所组成的），在 800 摄氏度以上的高温中煅烧，在此过程中黏土发生了一系列复杂的化学变化，包括失去结晶水、晶体转化、固相反应，以及低共熔玻璃相的产生等——低共熔玻璃相的产生使松散的黏土颗粒团聚在一起，从而使制品变得更加致密并具有一定的强度。从广

义上来说，陶器的烧制是一个化学变化过程，是人类在历史上最早从事的一项化工生产。

在距今 1 万年左右，世界上的许多古代文明都逐步开始掌握制陶工艺。据目前已经掌握的最新的考古资料可以断定，中国江西万年仙人洞遗址出土的陶器的年代可以追溯到距今 2 万年左右，是目前世界上已发现的最早的陶器。[①] 由此可以断定，中国是世界上最早发明陶器的国家。在新石器时代，中国的制陶工艺进入了一个“井喷式”的发展时期，不同地区在不同时期形成了不同特色的陶艺。以黄河流域为例，裴李岗、磁山等前仰韶文化时期最初生产的是细泥红陶；到了仰韶文化时期又增添了灰陶、彩陶；发展到龙山文化时期，黑陶、白陶又成为别具特色的新品种。在此过程中，陶器的品种在增加，器形在变化，工艺在提高。由于各地区条件不同，陶器的发展模式也不尽相同。总体来说，新石器时代中国大地最常见的陶器是红陶、灰陶及黑陶，它们又分别包括“泥质”和“夹砂”两类。黄河流域的陶器以红陶为主，后逐渐出现了灰陶、黑陶及彩陶；长江下游地区则从夹炭黑陶出发，逐渐演进为灰陶、红陶；华南地区的陶器由粗红陶逐步发展为红陶、灰陶、黑陶，并出现了印纹硬陶。

尽管各地用于制陶的原料可能不尽相同，但人们大都是采用含钙量低的铁质易熔黏土为主要原料。这类黏土分布很广，它们有一个重要的共同点是含铁量较高。因为铁的氧化物是陶器的主要呈色因素，所以在烧制过程中因气氛和操作技艺的不同，可以分别生产出红陶、灰陶或黑陶。一般来说，在氧化气氛中烧出的陶器是以红色的氧化铁着色的红陶；在还原气氛中烧出的陶器是以黑色的氧化亚铁着色的灰陶；若在烧成后期的还原气氛中让游离的炭黑均匀分布在陶胎中，便可制造出黑陶。事实上，人们经常看到的是由于气氛掌握不好而

① 参见吴小红、张弛、［美］保罗·格德伯格等：《江西仙人洞遗址两万年前陶器的年代研究》，《南方文物》2012 年第 3 期。同文还以全英文的形式发表在 2012 年 6 月 29 日出版的美国《科学》（*Science*）杂志上。

呈杂色的陶器，陶器表面红灰颜色共存，也有内红外灰、内红外黑、内灰外黑的。所以，各地陶器种类的演变主要在于制陶技艺的差异，特别是对烧陶技术和烧成气氛的掌握，当然也与各地区先民对陶色的爱好兴趣不同有关。也就是说，灰陶的质地并不一定就优于红陶，或者说黑陶一定就比灰陶强。[①]

通过目前发掘的新石器时代各遗址中的陶器不难看出，中国古代的先民们已经熟练掌握了制陶工艺，即使在今天看来，有些地区的制陶工艺也堪称精湛。例如，山东龙山文化时期的陶器最大的特点是以黑陶为主。发掘于20世纪20～30年代的山东章丘龙山城子崖遗址中的陶器便以黑陶闻名于世。其中，细泥薄壁黑陶的制作水平最高，它的胎壁厚度仅有0.5～1毫米，采用精细黏土烧制，烧成前又经打磨，在烧制过程中有意让炭黑渗入胎体，所以通体乌黑发亮，故又称“蛋壳黑陶”（见图6–1）。它是龙山文化时期最有代表性的陶器，体现了当时人们高超的制陶工艺。

图6–1　蛋壳黑陶杯（山东日照龙山文化遗址出土）

制瓷业　中国不仅是最早使用陶器的国家，也是最早开始制造瓷器的国家。随着陶器制作工艺的不断精湛，仰韶文化晚期出现了白陶，到龙山文化时期开始流行。据分析，白陶所采用的原料与北方制瓷的瓷土相近，其特点是氧化铁含量较低，所以烧成后呈白色。新石器时代的白陶主要分布在黄河下游地区，到了商代，在长江中下游地区也有了质坚细腻的白陶。到了西周，由于印纹硬陶和原始青釉瓷器迅速崛起，白陶

① 参见郭书春主编：《中国科学技术史·化学卷》，科学出版社1998年版，第23～42页。

的地位逐渐被取代。在印纹硬陶的烧制过程中，人们又发明了石灰釉，这是我国陶瓷工艺发展史上的一次重要突破。在仰韶文化时期，人们在制作彩陶时往往会给陶坯挂上一层陶衣或色衬的细腻泥浆，其中会加入一些石灰或草木灰，也可能加入研碎的蚌壳等，在经高温烧制后，陶衣或色衬就会变成光滑明亮的釉层，这就是石灰釉的发展过程。石灰釉的使用是我国瓷釉的一大特色。

石灰釉属于高温釉，将它涂在基本上以瓷土为原料的印纹陶坯上，在1150～1200摄氏度的高温下烧制，坯胎烧结了，釉层熔融了，这样就产生了一种新的瓷器——青釉瓷。根据对商代青釉瓷的分析我们发现，其质地坚硬，敲击有铿锵声，坯胎成分与印纹硬陶十分接近，即属于纯度较差、淘洗不够的瓷土，烧成温度在1150～1200摄氏度。烧成后胎质致密，基本不吸水分，釉中氧化钙的含量在16%左右，配釉黏土中的铁离子是呈色剂。这种青釉瓷基本符合瓷器的特征，故现在许多人把它称为“原始青釉瓷器”。

原始青釉瓷器是我国制陶工艺发展到一定水平的产物，它的出现标志着瓷器的发明进入了初始阶段。到了春秋战国时期，江南地区原始青釉瓷的生产达到了鼎盛时期，其烧制和使用的数量与同期的陶器相当。至汉代，铅釉陶的出现是陶瓷工艺发展的又一重要突破。铅釉陶与商代已经出现的石灰釉不同，它以铅或铅化合物为助熔剂，在700摄氏度左右开始熔化，属于低温釉。铅釉的使用不仅使得陶器有了美观的釉层，还因为釉的折射指数高，高温黏度小，流动性较好，熔融温度范围较宽，故釉层平整光滑。铅釉很少像石灰釉那样出现“橘皮”或“针孔”等缺陷，无气泡和大量残余晶体存在，因而釉面光泽照人。

到了东汉时期，原先主要产于浙江、江苏部分地区的青釉瓷器的生产技术获得了新的发展。依据考古资料我们完全可以断定，成熟青瓷的出现不晚于东汉后期。从原始瓷器发展成为成熟的青瓷，这是陶瓷工艺发展史上的一件大事。尽管当时的烧窑工匠不可能认识到烧成瓷器的过程中大致上分为氧化、还原、冷却三个阶段的科学原理，但在长期的生产实践中，他们已经明白烧成的关键

在于控制还原和冷却两个阶段的气氛。因为在高温烧成时，无论是釉或胎中的铁离子都是三价，呈现黄、棕等颜色，只有在烧成的最后阶段和冷却时控制好还原气氛，才能使釉或胎中的铁离子还原为二价，釉色才能呈现色调纯正的青翠色。掌握不好这一技术，就很难烧出好的青瓷。[①]

三国两晋南北朝时期是我国瓷器技术跃进的时期。在这一时期，炼丹术的发达、化学工艺经验的逐步积累、鼓风设备的发展和水碓的推广，都为烧窑工艺的提高和制瓷原料的粉碎加工提供了有利条件。因此，这一时期青瓷的质量显著提高，标志着我国的制瓷工艺发展到了一个新的阶段。（见图 6-2）随着瓷器制造业的进一步发展，浙江上虞、余姚、杭州一带的早期越窑制作成本下降，其产出的青瓷不仅满足了贵族的需要，也成为了广大劳动人民所欢迎的日用品。南方的青瓷及其烧制技术约在北朝时期传到了北方。尽管北方烧制的青瓷不如南方的精良，但北方匠人在青瓷技术的基础上克服了铁的呈色干扰，成功地研制出了白瓷。白瓷的出现是我国陶瓷发展史上的又一座里程碑，它是各种彩绘瓷器的基础。白瓷和青瓷的主要区别在于二者原料中含铁量的不同，对这一点的认识是人们长期实践的结晶。另外，这一时期我国还形成了专门管理陶瓷制造业的官方机构和御用瓷窑，如北魏、北齐设立的“甄官署”，其职责就是管理官府陶瓷的制造；北魏的关中和洛阳地区专门为朝廷烧制瓷器，在当时就有“关中窑”“洛京陶”的说法。除此之外，较大规模的制瓷专业工匠队伍也已经出现，这些都在一定程度上反映了当时制瓷业的发展和进步。[②]

在南北朝青、白瓷分流的情况下，中国南方和北方逐渐形成了“南青北白”的瓷业区域特点，到了唐代基本维持了这一趋势，但是瓷器的制作工艺更加成熟，瓷器的应用更加普遍。从东汉到南北朝，真正的瓷器虽然出现了，但是人们使

① 参见周嘉华、曾敬民、王扬宗：《中国古代化学史略》，河北科学技术出版社 1992 年版，第 12 ～ 23 页。

② 参见齐涛主编：《中国古代经济史》，山东大学出版社 2016 年版，第 222 ～ 223 页。

用的器皿仍以陶器为主。直至隋唐时期,我国才真正步入了普遍使用瓷器的时代。这一时期，由于烧瓷温度的提高，瓷器的质地更加坚固；隋唐王朝奉行对外开放的政策，中国的瓷器也随着陆、海丝绸之路远销世界各地；同时，唐代饮茶风气盛行，这也在一定程度上促进了制瓷业的发展。制瓷业的发达使得唐朝正式出现了“窑”的专称，唐代制瓷业的发达反过来又促进了陶器的进一步发展。唐代最为著名的“唐三彩”就是在瓷器釉料配制和烧制技术的基础上发展起来的,(具体可见本章“唐三彩”部分)。唐代的制瓷名窑颇多，如越、邢、鼎、婺、洪、蜀等窑，其中以越窑的青瓷、邢窑的白瓷最为著名，大体形成了“南青北白”的瓷器分布局面。[①]

图 6–2　魏晋南北朝时期的瓷器

① 参见齐涛主编：《中国古代经济史》，第 223 页。

宋代制瓷业虽然没有从根本上改变唐代“南青北白”的局面，但是各地瓷窑所生产的瓷器在造型、釉色及装饰上各有特色，形成了定窑、耀州窑、钧窑、磁州窑、龙泉青瓷窑和景德镇青白瓷窑六个大系，出现了“百花争艳”的景象。明清时期，以景德镇的青花瓷为标志，中国古代的制瓷业达到了鼎盛时期。（见图 6–3）宣德年间（1426 ～ 1435 年），青花瓷工艺获得了极大提高。景德镇官窑所采用的青料可能是来自中东地区的“苏麻离青颜料”，这种青料含锰量较低，含铁量较高。含锰量低可以减少青色中紫和红的色调，在适当火候下能烧出“宝石蓝”的鲜艳色泽。成化年间（1465 ～ 1487 年），官窑开始混合使用进口与国产青料，降低了含铁量，消除了黑斑，烧成的青花瓷胎薄釉白，青色淡雅。明清时期，民窑基本使用国产青料，釉色较官窑的灰，但不带黑斑。民窑虽不易得到上等青料，但是它们的青花瓷也都经过精细加工，达到胎细洁白、釉薄莹亮、青色淡雅的意境。明清时期，中国的青花瓷还通过海上丝绸之路远销世界其他地区，至今仍享有盛誉（见图 6–4）。①

图 6–3　宋代瓷器

① 参见故宫博物院编：《故宫博物院藏明初青花瓷》，紫禁城出版社 2003 年版，第 156 页。

图 6–4　青花缠枝灵芝纹瓶（明宣德年间制，北京故宫博物院藏）

中国古代的陶瓷技艺取得了辉煌的成就，这是举世公认的。传统陶瓷技术的发展虽然主要依靠陶瓷工匠的经验积累，师徒相传，缺乏科学的指导和总结，但是这丝毫不影响匠人们对化学知识的应用和认识。这种认识虽然不是现代科学意义上的，但是靠这种经验式的化学知识积累，中国的能工巧匠们创造出了惊艳世界的工艺品。特别是中国的瓷器，作为承载中华传统文化的符号，在中外交流的过程中将中国的传统文化传播到了世界。

二、冶铜工艺

在距今 5000 年前，中国古人制陶工艺的基本成熟为开采矿石、冶炼金属创造了物质条件。冶金工艺的出现把人类从野蛮时代推入了文明时代的殿堂，使社会生产力发生了一次重大的飞跃。所以，冶金的发明是人类继烧陶之后用化学手段来改造自然、创造物质财富的又一辉煌成就，它在社会生产力的发展和人类社会新纪元的开创中发挥了革命性的作用。

目前已知世界上最早的铜器是在土耳其的迪亚内巴克省茶印村发现的距今 9000 多年的铜制工具。中国的青铜制造起源于 6000 多年前的仰韶文化时期。与西方文明不同，我国古人是先发明的青铜，一直到很晚才开始冶炼红铜（即纯铜）的。古人在最初冶炼青铜时，可能是利用共生矿，或是将铜矿石与锡矿石、铅矿石等杂放在一起进行冶炼。这样获得的原始青铜或黄铜其成分不易控制。1956 年，考古人员在距今 6000 多年的西安半坡仰韶文化遗址的 156 号墓葬中发现了一个铜片，经化验发现其含有大量的铜、锌、镍以及少量的铁、钴、锰等

元素，而锌的含量高达20%左右，显然这已经属于铜锌合金了，这说明当时的人们可能是利用铜锌共生矿或将铜矿石与锌矿石放在一起冶炼黄铜的。1977年，甘肃东乡林家马家窑文化遗址（前4000年左右）出土了一把铜刀，经激光光谱分析发现其成分为锡青铜，单范铸成，形制与以往相比也有了比较明显的进步。这是我国迄今为止发现的最早的一件青铜器。

青铜的硬度比黄铜大且熔点低（含锡25%时熔点只有800摄氏度），更便于冶炼和熔铸。于是，人们便逐步开始冶炼青铜了。到了夏商时期，青铜器的使用更加普遍了。1974年，在河南偃师二里头遗址出土的早期青铜器中，不仅有小刀、锛、凿、镞、爵、鱼钩等，而且还有方鼎一类较大型的物件。这表明我国中原地区在夏代末期就可能开始冶炼青铜器了。

冶炼青铜是从红铜、锡及铅矿石的合炼开始的，进一步则发展为红铜与金属锡、铅的分别冶炼，然后再混在一起熔炼，这是一个从低级到高级的逐步发展的过程。显然，这一过程必须要等到金属铅、锡冶炼成功并有较大规模的生产后才会发生。据科学界和考古学界估计，我国大约在商代前期就已经开始逐步以铅、锡合炼青铜了。

司母戊大方鼎　我国青铜器冶炼的极盛时代是在殷商到周初（成、康、昭、穆诸王时期）。这一时期有代表性的青铜器有司母戊大方鼎（见图6–5）、四羊方尊等。司母戊大方鼎又称“后母戊鼎”，是商王为纪念其母“戊”而铸造的，其重量为875公斤，通耳高133厘米，横长110厘米，宽78厘米，壁厚6厘米。如果用大口尊来熔化青铜进行浇铸，就得同时熔化40～50个这种大口尊的青

图6–5　司母戊大方鼎（河南安阳商墓出土）

铜才行，昔日熔铸情景之壮观可以想见。经对鼎的足部进行局部分析可知，该鼎含铜 84.8%，含锡 11.6%，含铅 2.8%。商代大概已经有较大的熔炉了，但具体的形制还不清楚。目前已知的最早的炼铜竖炉出自湖北大冶铜绿山矿冶遗址（那里冶炼铜的活动始于西周末年），那是春秋晚期的遗物（见图 6–6）。[①]铜绿山冶炼区遗留下来的炼铜渣含铜量平均仅为 0.7%，可见这种竖炉的提纯率相当高，渣铜分离也相当好。从遗留下的矿石看，所用原料主要是孔雀石（含有铜的碱式碳酸盐矿物），但也有赤铜矿（主要成分为氧化亚铜）；从矿渣分析看，似乎有时加入了铁矿石作助熔剂，这一发现对探讨我国炼铁活动的起源是很有启发的。

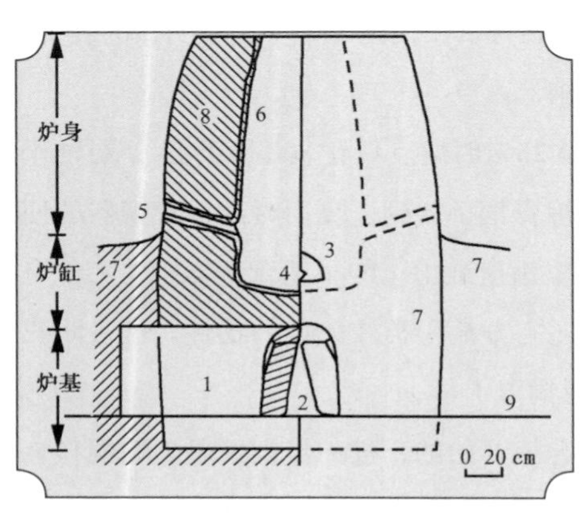

图 6–6　湖北大冶铜绿山竖炉复原图

（1. 基础　2. 风沟　3. 金门　4. 排放孔　5. 风口　6. 炉内壁　7. 工作台　8. 炉壁　9. 原始地平面）

六齐之法　随着对青铜的广泛开发利用，人们逐步认识到青铜中的铜锡比（那时还不大区分铅、锡）与青铜器性能之间有一定的关系。东周时期，《考工记·筑氏》中有一段著名的关于青铜配比的文字："金有六齐：六分其金而锡居一，谓之钟鼎之齐；五分其金而锡居一，谓之斧斤之齐；四分其金而锡居一，谓之戈戟之齐；三分其金而锡居一，谓之大刃之齐；五分其金而锡居二，谓之削杀矢之齐；金、锡半，谓之鉴燧之齐。"这就是闻名于世的"六齐"规律，其大意为：青铜有 6 种合金：6 份赤铜和 1 份锡所组成的合金是做钟鼎的合金；5 份赤铜和 1 份锡所组成的合金是做斧斤的合金；4 份赤铜和 1 份锡所组成的合金是做戈戟的合金；3 份赤铜和 1 份锡所组成的合金是做大刃（大刀）的合金；5 份赤

---

① 参见卢本珊、华觉明：《铜绿山春秋炼铜竖炉的复原研究》，《文物》1981 年第 8 期。

铜和 2 份锡所组成的合金是做鉴（镜子）、燧（凹面反光镜）的合金。尽管这个青铜冶炼配方与出土的东周青铜器实物中的化学成分不太吻合，但当时的人们能够意识到不同配比的青铜具有各异的性能，分别适用于制作不同要求的器物，并已注意总结这方面的经验，探讨其规律，这已是十分可贵的了。

水法炼铜 到了秦汉之际，铜的冶炼方法有了新的突破，出现了水法炼铜。从文献记载来看，水法炼铜起源于中国炼丹术中的“水法炼丹”。现存最早的炼丹著作《三十六水法》（成书于公元前 2 世纪以前）中就有关于水法炼铜的记载：“取矾石一斤，无胆而马齿者，纳青竹筒中，薄削筒表，以硝石四两覆荐上下，深固其口，纳华池中，三十日成水。以华池和涂铁，铁即如铜。”这里的“矾石”当为含有铜的盐类，“华池”即醋。这段文字最后一句的意思是说，把含铜盐的醋酸溶液涂在铁上，铁的表面即会附着一层铜。这是目前所知关于水法炼铜的最早的记载。西汉的淮南王刘安在他所著的《淮南万毕术》中谈到了“白青得铁即化为铜”的规律。“白青”可能是天然的硫酸铜或蓝铜矿。当其水溶液或醋酸溶液与铁作用时发生置换反应而析出单质铜。

大约在五代时期，水法炼铜才正式成为一种实用的制铜方法。到了宋代，这种工艺发展到了很大的规模。据史料记载，北宋徽宗崇宁二年（1103 年），全国水法炼铜的总产量达到了 937213.5 公斤，约占当时铜产量的 12%；而在南宋乾道年间（1165 ～ 1173 年），全国水法炼铜的产量仍有 105000 公斤，竟占到了南宋当年铜总产量的 80%。到了元代，随着胆水资源的枯竭，水法炼铜逐渐式微。

砷白铜和镍白铜 中国古人曾经冶炼过两种光亮的银白色铜合金，即“砷白铜”（用砒霜点化而成）和“镍白铜”（用铜矿石与含镍矿石一起合炼而成）。砷白铜是中国的炼丹家在炼丹活动中获得的，实用性不强；镍白铜是将黄铜矿和镍矿石合炼并去除杂质而成的。云南、四川等地自东晋时期就盛产白铜，云南白铜是一种“铜—镍—锌”三元合金，含铜 40% ～ 58%，含镍 7% ～ 32%，含锌 25% ～ 45%，据说可使白铜“色亮如刃”。18 世纪时，中国云南产的这种

白铜经英国东印度公司贩卖到欧洲，备受青睐，非常昂贵，价钱仅次于金银，所以大多被用作贵族私邸的装饰。直到1832年，英国人托马森才仿制成功这种合金。次年，德国的罕宁格两兄弟也仿制成功，取名叫“德国银”。从此，镍白铜才在欧洲开始大量生产和推广。[①]

中国的铜冶炼业发展很早，在商周时期达到鼎盛。秦汉以后，冶铜业虽不及冶铁业兴盛，但中国古人在冶铜工艺方面从未停止探索。水法炼铜和砷白铜、镍白铜在当时甚至达到了世界先进水平。这其中就有中国古人对冶铜化学知识的运用，虽然这种运用是经验性的，但它毕竟促进了世界金属冶炼业的发展。

三、冶铁工艺

在人类文明史上，冶铁技术的发明是一件划时代的大事。世界上最早开始使用铁的地区是公元前2500年左右的两河流域，而中国古代用铁最早可以追溯到商代，到了西周时期才出现冶铁业。中国炼铁、炼钢技术虽然起步相对较晚，但却后来居上。从公元前6世纪的春秋晚期开始，中国人在世界冶金史上就占据了遥遥领先的地位。

陨铁工具　早在公元前14～前13世纪，中国的先民们就已经知道使用陨铁了。1972年，河北藁城台西村商代中期遗址出土了一件铁刃铜钺；1977年，北京平谷刘家河商代中期遗址也出土了一件铁刃铜钺。虽然这些铜兵器的铁刃是以陨铁制成的，但这也表明至迟在商朝中期，中国的先民们就已经对铁有所认识了，而且已能对铁进行锻打加工并和青铜铸接成器。陨铁器较青铜更加坚韧，这自然会促使人们去寻找类似的原料，并且尝试用各种办法来探索利用这些新材料的途径，从而导致了炼钢技术的产生。

---

① 参见周嘉华、曾敬民、王扬宗：《中国古代化学史略》，第43～67页。

块炼铁　随着青铜冶炼技术的提高，冶炼炉的温度在殷商晚期已经能够达到1200摄氏度以上，这就在技术上具备了将铁矿石还原为液态铁的可能性。从《诗经·秦风》《国语·齐语》等文献记载来看，中国大约在西周晚期已经进入铁器时代。春秋时期，中国的冶铁技术获得了很大的发展。目前我们已经知道，春秋战国时期，人工冶炼的铁有块炼铁和生铁两种。块炼铁是采用“低温固体还原法”或“块炼法”等最原始的炼铁技术冶铸而成。这种方法是将铁矿石和木炭一层夹一层地放在炼炉中，点火焙烧，在650～1000摄氏度的高温下，利用炭不完全燃烧产生的一氧化碳将铁矿石中的氧化铁还原成铁。这种炼铁法由于温度不高，致使被还原出的铁只能沉到炉底而不能保持熔化状态流出，人们需要待铁炼成、炉冷却后，再设法拆炉将铁取出。这种铁块表面因夹杂渣滓而很粗糙，似海绵状，显不出铜那样明显的金属特征。

生铁技术　春秋中后期，古人在“块炼钢”技术的基础上，又发明了生铁冶铸技术。中国是世界上最早发明生铁冶铸技术的国家。近年来，我国相继出土了一批春秋末期吴、楚等国的铁器遗物，其中江苏六合程桥吴墓出土的铁丸、湖南长沙杨家山65号墓及长沙窑岭15号墓出土的铁鼎都是采用的生铁冶铸技术。这些事实充分证明，至迟在公元前6世纪的春秋晚期，我国就已经能以高温冶铁还原法冶炼生铁了。生铁的冶炼在世界冶金史上是一个划时代的进步。欧洲一些国家在公元前1000年前后已能够生产“块炼铁”；公元初，罗马人已偶能得到生铁，但多废弃不用；直到14世纪，欧洲人才开始使用铸铁，其间经历了十分漫长的发展道路。而我国之所以很早就能发明生铁冶铸技术，是由于我国古代的冶炼工匠继承和发展了青铜冶铸技术，并运用了长期积累的丰富经验。

生铁冶铸技术克服了块炼铁技术冶炼加工比较费工费时的缺陷，提高了生产率，降低了成本，使得大量地提炼铁矿石和铸造出器形比较复杂的铁器成为了可能。这就为铁器的普及打下了良好的基础，同时也为我国古代炼铁技术的

发展开拓了一条独特的道路。

铸铁柔化技术 在人类最初开始冶炼生铁时，由于温度不够高，硅含量也较低，生铁中的碳在冷却凝固时不能成为石墨状态，而成为碳化三铁与奥氏体状态的铁在1140摄氏度发生共晶。因此，炼出的生铁性脆而硬，铸造性能虽好，但强度不够，只能用于铸造硬度要求不高的农具。为了克服生铁的这一缺陷，至迟在春秋战国之交，我国古人又发明了铸铁柔化技术。所谓的“柔化处理”就是对生铁进行退火处理，使碳化铁分解为铁和石墨，消除了大块的渗碳体，使生铁变为展性铸铁（可锻铸铁）。科学家对河南洛阳出土的春秋战国时期的铁锛和铁铲的研究表明，它们都是生铁经过柔化处理而得到的可锻铸铁。可锻铸铁的出现是世界冶金史上又一件划时代的大事，它使生铁被广泛用作生产工具成为可能，大大提高了铁器的使用寿命，加快了铁器替代同时期其他材质生产工具的历史进程。欧洲直到1722年才开始使用白心韧性铸铁，黑心韧性铸铁直到19世纪才在美国研制成功，而我国早在春秋战国之际就已能生产这两种高强度的铸铁，比欧美早2000年以上。

灰口生铁 战国中期以后，铁器已取代青铜器成为主要的生产工具。秦汉时期，在春秋战国时期广泛发展的基础上，冶铸生铁的技术又有了新的进步。汉代的冶铁竖炉的炉壁扩大，鼓风技术也得到了改进。东汉初年，南阳太守杜诗发明了“水排”用于鼓风冶铁（见图6-7），这比欧洲要早接近1200年。随着汉代对炼铁炉的改造和鼓风设备的进步，到西汉中期，我国又进一步发展到能够铸造低硅的灰口生铁。经科学鉴定，目前，我国发现最早的灰口生铁出自河北满城中山靖王刘胜墓。此外，河南巩县铁生沟汉代冶铁遗址中出土过一件铁镢，经检验，其含有形状十分良好的球状石墨，有明显的石墨核心和放射性结构，与现行球墨铸铁国家标准一类A级石墨相当。类似的有球状或团状石墨的铸铁生产工具已经发现了6件，这是我国古代铸铁技术的杰出成就，而现代球墨铸铁是1947年才研制成功的。由此可见，我国汉代的冶铁技术已经达到了非常成熟的地步。

图 6–7　鼓风冶铁（汉画像石）

炼铁所用的燃料也在不断改进。秦汉以前，我国古人主要用木炭做燃料。河南巩县铁生沟汉代冶铁遗址曾出土过可能已试用作燃料的煤炭。北魏时期，郦道元在《水经注 · 河水》中明确记载了当时用煤冶铁的情景。到 10 世纪前后，我国已大量采用煤炭炼铁。13 世纪末，马可 · 波罗来到中国，看到中国人广泛地用一种“黑石头”作燃料，觉得十分惊奇。中国是世界上最早开始使用煤炭炼铁的国家，欧洲直到 18 世纪才开始用煤炭冶铁。至迟到明代，中国人又发明了炼制焦炭的方法，而直到 18 世纪，英国人达比才发明了炼制焦炭的方法，比中国人晚了约 1 个世纪。

渗碳钢和焖钢　生铁和钢都是铁碳合金，它们的主要差别在于含碳量的多少。钢的碳含量介于块炼铁和生铁之间，因此中国古代的炼钢方法主要有两种：如果以块炼铁为原料，就必须用渗碳技术以增加含碳量；如果以生铁为原料，就必须用脱碳技术以减少含碳量。春秋战国时期主要采用前者，即用块炼铁作为原料炼钢。块炼铁含碳量低，炼钢需要增加含碳量，这催生出了两种渗碳技术：一种是把海绵铁（即块炼铁）直接放在炽热的木炭中长时间加热，表面渗碳，再经反复锻打，便可成为渗碳钢。河北易县燕下都 44 号墓出土的钢制品就是用这种方法炼成的。这是我国最早的炼钢法。另一种是把海绵铁配合渗碳剂和催化剂，密封加热，使之渗碳成钢，俗称“焖钢”，这是我国流传很久的一种炼钢方法。《吴越春秋 · 阖闾内传》所记载的干将、莫邪等宝剑所用的钢材，冶炼时

曾“断发剪爪，投于炉中”，可能就是用这种方法炼制的，因为人的头发和指甲中含有磷元素，可用于渗碳。河北满城刘胜墓1号汉墓出土的刘胜佩剑和错金书刀，经过分析表明含磷较高，错金书刀的刃部中间还有含钙磷的较大的夹杂物，有可能是在渗碳时使用了骨灰一类的物质。

脱碳钢 从已经出土的古代钢制品的金相考察分析结果可知，我国至迟在战国晚期已广泛使用淬火工艺。但是，块炼铁质地差、产量低，且需毁炉取铁，作为钢制工具和兵器的铁料来源，显然难以满足人们日益增长的对铁的需求。于是，以生铁为原料的固体脱碳制钢技术便应运而生。这种脱碳制钢技术是在铸铁柔化处理技术的基础上发展起来的。如果生铁铸件在脱碳退火时时间和温度控制得当，在固体状态下进行比较充分而又适当的氧化脱碳，既让白口组织消失，又基本不析出或只析出少量的石墨，不致变成可锻铸铁，那么就可以得到“铸铁脱碳钢”。1977年，在河南登封告城战国遗址中出土了一批铁器，经检验是目前已知我国最早的铸铁脱碳钢制品。从战国到西汉，我国的铸铁脱碳成钢技艺逐步成熟，这种固体脱碳制钢工艺至少在战国至六朝时期被广泛采用。

炒钢法 在铸铁脱碳热处理的长期实践中，我国古代冶铁工匠们逐渐掌握了“炒钢法”。至迟在公元前1世纪的西汉后期，我国又发明了将生铁炒炼成钢或熟铁的新技术，即把生铁加热到熔化或基本熔化的状态下加以炒炼，使其脱碳而成为钢或熟铁。炒钢工艺在东汉以后长期被使用，直至近代。明代又出现了炼铁炉和炒钢炉串联使用的方法，该法可以把炼铁炉中流出的铁水直接炒炼成熟铁或钢。这种连续性生产工艺可以免去生铁再熔化的过程，既降低了耗费，又提高了生产率。炒钢的发明不仅是炼钢史上的一次技术革命，而且对整个社会的经济发展都有重要意义。欧洲的炒钢工艺始于18世纪的英国，马克思曾在《资本论》中对其给予了高度评价，而中国炒钢工艺的出现却比欧洲早了约1900年。

百炼钢 在灌钢技术发明之前，百炼钢是钢铁生产过程中的一个重要步骤。

在炼制渗碳钢的生产实践中，人们发现了反复锻打钢件能够使之更加坚韧的道理，于是便很自然地把它定为了一道正式工序，这就是百炼钢的起源和原始状态。为了将铁中的杂物挤出，工匠们会将铁块放在炭火上烧红，再通过反复锻打将铁块中的杂质挤出，从而提高钢铁的质量，得到的就是百炼钢。百炼钢是灌钢技术出现前冶铁工艺的一个必经发展阶段。

灌钢　南北朝时期出现了灌钢法，这可以说是中国钢铁发展史上最卓越、最具特色的技术。我们知道，生铁的特点是含碳量高、熔点低且质地硬而脆；熟铁的特点是含碳量低、熔点高且质地过软。怎样把生铁和熟铁的优点结合起来呢？这就要用到灌钢技术。

灌钢技术综合了炒钢和百炼钢的技术成就。其基本工艺流程是：工匠们将生铁和熟铁共同放置在高温的炭火中熔化，熔化的熟铁和生铁相互熔合、相互渗透，来自生铁的碳向熟铁中渗透，两者趋于均匀后冷却，即可得到含碳量适中的钢材。然后，再经过反复锻打，进一步使其组织钝化、均匀，最终成为优质的高碳或中碳钢。前一个过程使用的就是炒钢技术，后一个过程用的乃是百炼钢技术。所以说，灌钢技术是对炒钢和百炼钢技术的综合应用。

灌钢技术是中国古代的冶铁工匠在冶炼钢铁的实践中逐步摸索出来的。据典籍记载，这项技术最早出现在北魏、北齐时期。生活在这一时期的一位叫綦母怀文的人曾经打制过一种“宿铁刀”。《北史·艺术列传》说：“造宿铁刀，其法，烧生铁精以重柔铤，数宿则成刚（钢）。以柔铁为刀脊，浴以五牲之溺，淬以五牲之脂，斩甲过三十札。今襄国冶家所铸宿柔铤，是其遗法，作刀犹甚快利，但不能顿截三十札也。”在这段话中，“柔铤”就是柔铁，即质地柔展的熟铁。綦母怀文锻造的“宿铁刀”就是以生铁和熟铁为原料，经过冶炼之后使二者相熔合。熔合时间大约为数晚，经过炒钢过程后，再将钢反复锻打成刀，然后用牛羊猪狗等畜类的尿液进行淬火，使钢刀变硬，然后再用这些动物的油脂给钢刀上油，防止生锈，这就是“宿铁刀”。

较之它以前的各种炼钢法，灌钢法操作简便，劳动强度小，生产率高，对火候、配料的掌握比较容易，所以发明之后很快便流行起来。从南北朝到唐代，灌钢技术经过反复实践，逐步成熟。到了宋代，灌钢法炼钢已成为全社会普遍流行的炼钢法了。北宋科学家沈括曾在《梦溪笔谈·辨证一》中说："世间锻铁所谓'钢铁'者，用'柔铁'屈盘之，乃以'生铁'陷其间，泥封炼之，锻令相入，谓之'团钢'，亦谓之'灌钢'。"从沈括的记载可知，北宋时期第一次将这种钢铁冶炼技术命名为"灌钢"。他这段话的意思是说，在炼钢炉中让熟铁条盘绕着，在其夹缝中嵌入敲碎的生铁块，用泥巴将炉密封起来，然后将炼炉加热，待炼成后，取出再行锻打，这就是所谓的"团钢"。沈括所记载的方法是对南北朝时期灌钢法的改进。采用泥封的做法是为了保证炉中的温度能够保持在高温的水准上，这也在客观上防止了长时间加热过程中可能发生的氧化脱碳现象。

到了明代，灌钢法又得到了进一步的发展，基本上形成了"生铁—炒熟铁—灌钢—锤锻"的工艺路线。这一炼钢程序似乎成了当时最通行的炼钢法，宋应星在其《天工开物》一书中也对其进行了详细的介绍。（见图 6-8）中国古人发明的灌钢法一直在世界冶铁技术史上遥遥领先，直到 1742 年英国人洪兹曼发明"坩埚制钢法"后，灌钢法才逐渐被取代。灌钢法作为中国传统科技文化的重要组成部分，和其他中国传统科技一样为古代世界科技的发展做出了重要贡献。①

中国古代冶铁业的发展也证明了中国工匠传统技艺的高超。中国的匠人们虽然不懂得现代意义上的化学知识，但这丝毫不影响他们取得了举世瞩目的成就。

① 以上内容参见郭书春主编：《中国科学技术史·化学卷》，第 144 ～ 175 页。

图 6-8　生熟炼铁炉

四、炼丹术与化学知识

中国的炼丹术可能是最接近现代化学的一门技术。炼丹术化学是中国古代化学的重要组成部分，甚至可以说是化学的原始形式。生老病死是人的一种自然常态，人只要活着就难免会得病，有病就要就医吃药。中国的传统医药学是以中医药学即本草学为主要特征的，而单纯的中医药学家最初并不注意对天然药物的提纯和化学加工，更绝少研究药物的人工合成。唐宋时期的本草学著作虽然已经记载了一些通过化学过程制作出来的药剂，如灵砂、轻粉、粉霜、铅霜、铅丹、砒霜等，但究其根本，这大多还是炼丹活动中的发明。

炼丹家与化学实验　中国的炼丹家在战国秦汉时期多被人们称作“方士”，他们的主要工作是研究如何通过药物使人长生不老（见图 6-9）。秦汉时期，由于统治者的需要，这门技术逐渐成为一门显学。炼丹家们主要是按设想的配方，将某

图 6–9　古代炼丹图

些矿物放在密闭的器皿中(最初是土釜，后来是铁或铜制的丹鼎）加热提炼，希望用人工的方法制取可令人长生不死的灵丹妙药。这种目的当然不可能实现，但是炼丹家们却认真观察并记录了相关化学反应，并做了大量的化学实验，制取了一系列自然界中不存在的化合物，也人工合成了很多非常纯净的化学制剂。这些活动也唤起了他们对物质变化规律的思考，进而形成了原始的化学思想。所以说，中国古代的炼丹术在某种意义上是化学的原始形式。

中国的炼丹家掀起炼丹的活动后，丹房就成了原始的化学实验室。经过一段时间的炼丹实践后，大约到了唐代，炼丹家开始有意识地对那些矿物原料的化学性质和炼丹过程中的化学变化进行归纳总结，提出了关于各类物质间相互作用而产生新物质的转化规律。他们逐渐把自西周以来就流行的阴阳学说运用到具体的炼丹术上，作为认识化学过程的理论基础。因此，他们把各种矿物分为“阳药”和“阴药”两大类，认为理解和运用阳药与阴药间的两性交媾、消长变化、彼此共济和相互制约是掌握炼丹原理的关键。这种学说和这样的物质分类法用现在的眼光来看并不很科学，但它的确曾指导着古代的炼丹家炼制出了不少重要的化合物。例如，他们用水银和硫磺合炼出了红色的硫化汞；用丹砂和矾、食盐合炼出了氯化亚汞；用雄黄和硝石合炼出了砒霜；用金属锡和雄黄合炼出了二硫化锡；等等。[①]

① 以上内容参见周嘉华、曾敬民、王扬宗：《中国古代化学史略》，第 235 ～ 241 页。

炼丹家的化学提纯物 氧化汞是中国古代的炼丹家以水银为原料制出的第一种“神丹大药”。因其颜色呈鲜红色，外观与硫化汞（丹砂）非常相似，故炼丹家们误以为硫化汞加热可以生成水银，水银受热又可以变回丹砂，而把所得到的氧化汞错当成硫化汞了。这种实为氧化汞的“丹砂”直到唐代仍被有些人尊为“长生不老药”。到了明代，中医药学家继承了这种丹药，并将其提炼的配方与水银（金属汞）、焰硝（硝酸钾）和绿矾（七水合硫酸亚铁）三味药合炼，得到了更纯的氧化汞，名曰“三仙丹”。从此，氧化汞由内服的丹药变为了外用的疡科圣药。此外，红色的硫化汞还被炼丹家们称作“太乙小还丹”，唐代以后的炼丹家们称之为“灵砂”，这也就是中药里所谓的“朱砂”。明末宋应星所撰《天工开物》一书对升炼水银朱砂的方法有翔实而且图文并茂的记载（见图6–10）。中国古代的炼丹家制取的氯化汞有两种：一种是氯化高汞，俗称“升汞”；另一种是氯化亚汞，俗称“甘汞”。它们都是白色的结晶粉末。炼丹家称升汞为“粉霜”，甘汞为“轻粉”。在中医药上，“轻粉”有通便、治瘰疬、杀疥癣的功效，而“粉霜”在明代以后被尊为疡科的圣药之一，谓之能治疗一切疮毒、溃疡、阴疽成瘘、脓水淋漓等症。中医还在“粉霜”中掺入少许砒霜以增加疗效，这种丹药就是著名的“白降丹”。[①]

图 6–10 升炼水银朱砂（明 · 宋应星《天工开物》插图）

① 参见赵匡华：《中国古代化学》，商务印书馆 1996 年版，第 83 ～ 94 页。

中国古代的炼丹家还用硝石、硫磺和木炭发明了火药。对于“四大发明”之一的火药，我们将在后文进行专门的介绍，在这里就不再赘述了。

五、酿酒工艺中的化学

酒是世界上许多民族的传统饮料。酿酒工艺是世界上最古老的化学工艺之一，酿酒的过程实际上就是利用微生物在某种特定的条件下，将含糖分（例如淀粉）的物质转化为含有乙醇等多种化学成分的饮料或食品的过程。用现代的科学语言来说，这种古老而又复杂的活动是一项化学工程——微生物发酵。古代酿酒业的发展为现代微生物学的诞生提供了条件。中国是世界古代文明的发源地之一，中国在酿酒方面历史悠久，并且形成了独特的酿酒技艺和酒的品种。研究中国古代社会的酿酒技术是中国化学史研究中必不可少的内容。

中国在古代是一个以种植业为主的农业国家。中国古人很早就掌握了谷物的栽培技术，同时很早就开始用谷物来酿酒。中国古代的酒水大多是以谷物酿造而成的，这种情况一直延续到了今天。与西方人相比，中国古人很早就掌握了用酒曲来酿酒的方法。酒曲是一种微生物的集合体，它含有能够起糖化作用的黄曲霉、黑曲霉，以及兼有糖化和酒化作用的根霉、红曲霉等。所以，酒曲能够将淀粉一次发酵成酒。这项技术要比西方先用谷芽糖化谷物，然后再用酵母菌使糖发酵成酒的方法更加先进。

据传说，中国古代的酒是夏代的仪狄和少康（一说杜康）发明的。据此我们可以推测，不论是谁发明了酒，中国古人早在夏代就已经掌握了酿酒技术。考古发掘出的陶器以及对新石器时代农业发展情况的推测则表明，早在龙山文化时期，我国的先民们就已经掌握了酿酒技术。

酒曲　在古代早期，中国的先民们就发明了酒曲。酒曲酿酒是用发芽同时发霉的谷物作为引子，来催化蒸熟裂碎的谷物，使它发酵成酒。这种发芽同时

发霉的谷物就是酒曲，中国古书上常写作“麴糵”。酒曲酿酒的基本原理是这样的：那些发芽的谷物一旦与空气中浮游着的丝状毛霉菌的孢子接触，就会在其上生成丝状的毛霉，而毛霉可以分泌糖化酵素；发霉的谷物上同时还滋生了酵母菌，因此“麴糵”可以一步就完成将谷物转化为酒的过程。简而言之，中国古人的酿酒技术简便易操作，只要将发芽且发霉的粮食浸泡到水中，经过一段时间，甘冽的美酒就酿成了。西方人一般也用“糵”（生芽的粮食）酿酒。糵中含有麦芽糖，通过在糵中放入酵母菌发酵就可酿成酒。中国用的“麴糵”中含有多种曲霉菌，而且其分泌的糖化酶对淀粉的糖化作用要远胜于西方的麦芽酶。酒曲的发明极大地推动了酿酒技术的发展，它是中国酿酒史上一次重大的突破性进步。从此，酒曲的研制、改进就成了酿酒技术中最关键的一环了。（见图 6–11）

图 6–11　酿酒（明·宋应星《天工开物》插图）

酿酒的关键在于酒曲的制作。晋人嵇康的《南方草木状》是最早记录酒曲制作的典籍。嵇康记载了广东、广西地区的“草曲”，即用米粉与多种草叶混合，然后以野葛（一种豆科植物）的汁液和淘米水搅拌，揉成团，放在蓬蒿叶中，在阴凉地放置一个多月就发酵而成了。“草曲”是用来酿造南方的糯米酒的。北魏时期的农学家贾思勰在其《齐民要术》中用 5 篇文字论述了制造酒曲和酿酒的方法，可见贾思勰当时已经很清楚地认识到制曲在酿酒工艺中的关键地位。《齐民要术》着重介绍了当时的 9 种制曲方法。从原料上看，有 8 种用小麦，1 种用粟。8 种小麦曲中，有 5 种是“神曲”，2 种是“笨曲”，1 种是“白醪曲”。神曲

和笨曲都是块状曲，其区别在于：神曲块小、效能强，笨曲块大、效能低。白醪曲的效能介于神曲和笨曲之间。制造酒曲的关键是让粮食等有机物发酵出有益的霉菌和酵母菌。中国古人对制曲方法的记载和研究充分说明了那时人们基本已经掌握了培育有益菌的化学方法和生物方法。

醴和鬯　殷商时期，饮酒风气的盛行可以佐证这一时期酿酒技术的发达。据《史记·殷本纪》记载，殷商的灭亡在很大程度上就是纣王酗酒暴虐而导致的。因此，在西周初年，鉴于殷亡之教训，周公就在《尚书·酒诰》中反复告诫周人不要步纣王酗酒亡国的后尘。殷墟中发掘出来的饮酒器和贮酒器相当繁多，既有陶制的，也有青铜制的，如饮酒器爵、觥、觚，盛酒器尊、卣等。在商代,酒有“醴”和“鬯”两种。醴是用发芽的粮食（多是小米和小麦）酿制的，乙醇含量不高，富含麦芽糖，汁浓味甜，有点像今天的饮料，但是里面毕竟含有一定量的乙醇，人喝多了也是会醉的。鬯是用黑黍米为原料，加上一种香草后用酒曲酿造而成，有香味，大多用在祭祀中。

西周初年的统治者虽然厉行禁酒，但随着生产力的不断发展，粮食的充足为酿酒业提供了物质条件。加之周礼的推广，各种礼的施行几乎都离不开酒，这反而使得周代的酿酒技术比商代更加进步。《周礼·天官冢宰》中就记载了周王室专门设有“酒正”一职，负责掌管造酒的一切政令实施;还设有“大酋”一职，负责酿酒诸般事宜;又设有“浆人”从事酒的具体酿造。酿酒的过程一般由“大酋”直接管控操作。《礼记·月令》描述了大酋在仲冬之月酿酒时负责监管的六个环节:“秫稻必齐”（秫稻指酿酒的原料）、“麹蘖必时”（做好酒曲）、“湛炽必洁”（清洗粮食的器具和酿酒用的燃料要清洁）、“水泉必香”（选择纯净甘甜的泉水）、“陶器必良”（酿酒的用具要好）、“火齐必得”（掌握加热火候）。从这六个环节可以看出，周人基本上已经熟练地掌握了酿酒技术。在这里尤其要注意的是，周人在酿酒中特别重视“麹蘖”（酒曲）和水质（水泉必香），同时还注意酿酒用具的清洁卫生。由此可知，周人已经意识到要想酿造好酒，良好的酒曲、洁净的

水以及清洁的酿酒工具是非常重要的。

蒸馏高度酒 一般来说，用酒曲酿造的酒中乙醇的浓度不会很高，因为酒中乙醇的浓度超过 10% 时就会抑制酵母菌的活性，发酵作用就停止了。要想得到高度数的烈性酒，就必须进行蒸馏。一般认为，宋元时期可能已经出现了蒸馏高度酒。到了明代，蒸馏高度酒应该已经比较普遍了。但人们尚未在典籍中找到关于蒸馏高度酒的明确的记载。例如，明代晚期的宋应星在其《天工开物》中也未曾记录蒸馏高度酒。清代以后，我国民间的酒坊采用蒸馏工艺就比较普遍了。我国著名的微生物学家方心芳教授在参考文献记载并经过反复推敲的基础上，绘制出了明清以来长江南北使用比较普遍的一种蒸馏装置（见图 6–12）。[①]蒸馏酒纯净，味道甘洌，而且乙醇含量高，因此深受人们的喜爱。蒸馏酒的发明是酿酒史上的又一个飞跃。

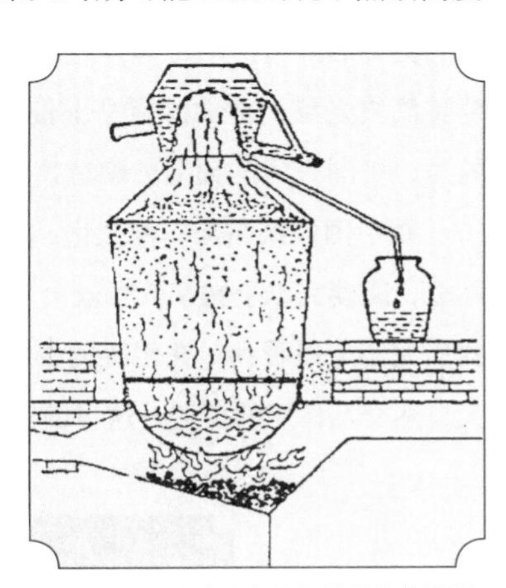

图 6–12 明清以来民间所用的蒸馏器

葡萄酒 中国古人饮用酒的品种繁多，除了以粮食为原料发酵的原汁酒（黄酒）及其再加工后的蒸馏酒（白酒）外，还有以果品为原料的发酵原汁酒。葡萄酒就是最常见的一种果酒。在许多人的印象中，葡萄酒似乎是近代才从国外引进的，其实不然，中国古人很早就掌握了葡萄酒的酿造技术。中国本就有野葡萄,《诗经》上称之为“葛藟”“蘡薁”。这种野葡萄的叶、茎和栽培的葡萄相似，但较后者显得细小，果实味酸而略涩，如今在东北长白山地区仍较为常见。不过，我们还没有证据证明在栽培葡萄传入中国之前，中国古人曾用野葡萄酿酒。据史籍记载，栽培葡萄是从中亚传到中国的。汉武帝时期派张骞出使西域。《史记·大

① 参见赵匡华：《中国古代化学》，第 105 ～ 115 页。

宛列传》云："宛左右以蒲陶为酒，富人藏酒万余石，久者数十岁不败。……汉使节取其实来，于是天子始种苜蓿、蒲陶肥饶地。"通过张骞等人的努力，原在中亚广泛种植的葡萄传入中国，与此同时，葡萄酒酿制技术也传播到了中原地区。三国时期，魏文帝曹丕曾盛赞葡萄酒"甘于麴米，善醉而易醒"[①]。较之前代，唐代的葡萄酒酿造活动更加普遍，普通士人也能饮用之。唐代诗人王翰有诗曰："葡萄美酒夜光杯，欲饮琵琶马上催。"这里的"葡萄美酒"指的就是葡萄酒。可惜的是，中国古代的葡萄酒酿造技术始终没能广泛传播开来。

在中国，饮酒是一种文化。许多文人墨客的优秀作品都离不开酒的助兴。实际上，阅读完以上文字读者就会发现，中国古代的酿酒本身也是一部传统文化史。我们完全可以看到，在传统的酿酒技术中，我们的祖先依靠经验领悟着造物主与大自然交互作用的奥秘，这里面实际上就包含了丰富的化学和微生物学知识。

六、染料与染色工艺

中国的染色工艺历史悠久，享誉世界。中国古代的丝织技术和麻纺技术在世界上遥遥领先，与此相配套的中国的印染行业也获得了较快的发展。中国古代的印染匠师们为了满足人们对服饰的审美要求，长期勤奋地钻研染色技术和染色艺术。聪明的中国古人很早就发现了某些天然矿物和植物具有染色的功能，因此，他们在生产和生活的实践中不断地扩大染料的种类，并逐渐掌握了许多套染色工艺。在染色和漂洗纺织品的过程中，染色师们逐渐掌握了越来越多的化学知识，例如利用酸或碱可以扩展染料的色谱，利用化学媒染可以增加染色的牢固性和颜色的艳丽程度，等等。应该说，在中国古代，染色工艺的化学应用更有代表性，因为服饰染色实际上是人们对审美的一种要求，人们的审美又

① （唐）欧阳询撰，汪绍楹校：《艺文类聚》卷八七，中华书局 1965 年版，第 1495 页。

和艺术息息相关。从广义上说，艺术是文化的重要组成部分。如此来看，中国古代的染料和染色工艺也是中国传统文化的内容之一。

矿石染料　中国的染色技术大约可以追溯到50万年前的北京周口店山顶洞人生活的时代。山顶洞人习惯在其墓葬四周撒上红色的赤铁矿粉末，这种红色的赤铁矿粉末可能就是原始人最早掌握的一种天然矿石染料。在距今6000多年前的新石器时代，中国的先民们已经学会在陶器上施加彩色了。位于黄河中游地区的西安半坡仰韶文化遗址出土过一件极具特色的人面鱼纹彩陶盆（见图6–13）。这些陶器上的彩绘图案大多是人们利用矿物染料涂上去的。陕西临潼姜寨遗址还发现了研磨矿物颜料的石砚和磨棒。这些考古实物的发现证明了新石器时代中国已经出现了染色工艺的萌芽。

图6–13　西安半坡出土的人面鱼纹彩陶盆（中国国家博物馆藏）

夏商时期，中国的先民们可能已经将陶器的染色技术推广应用到丝麻织物上面了。中国古代最先用于着色的染料大都是一些从自然界采集来的天然矿物。原始人制作的最早的工具就是石器，他们在打制石器的过程中逐渐发现有些矿物稍加研磨就可以染色。例如，主要成分为氧化铁的赤铁矿（又叫“赭石”）是古人最主要的红色颜料；白土是常用的白色颜料；石墨和锰铁矿石可用作黑色颜料；等等。那时的矿物染色一般是将有色矿物用磨棒研磨成矿粉，用水调和均匀，然后涂抹在器物和织物上，或者描绘成各种图案。这种染法叫“石染”。商周之际，石染工艺的应用已经相当普遍。例如，北京故宫博物院收藏的商代玉戈正反两面都残留有麻布、平纹绢等织物的痕迹，经采集发现，在这些痕迹中渗有丹砂。显然，这是当时织物上的染料。

植物染料　商周时期，人们也开始试用天然的植物染料来给丝麻和帛布染色。植物的那些姹紫嫣红的花朵，各宗草木的绿叶以及某些草木的根、茎经捣

碎后，其汁液往往能够将织物染色。应该说，在织物染色方面，植物染料较矿物染料的染色效果更好。所以，中国古代的服饰染色大都采用了植物染料。

不过，并不是所有的植物染料都具有染色功效，也不是所有植物染料的色素都能够长久牢固地附着在动植物的纤维上。哪种植物染料能够持久地附着在织物上,这需要经过相当长一段时期的摸索。勤劳的中国先民们从不放弃对事物的探索，最终，他们在生活实践中逐渐找到了一些能够有效着色的植物，并形成了一套完整的染色工艺。至迟在西周时期，人们就已经发现葳草适于染蓝，蒨草可以染红，紫草可以着紫，荩草可以染黄。植物染料问世后，染色工艺开始逐步形成。

媒染　在天然植物色素中，有些可以直接被牢固地吸附在丝、麻、棉的纤维上，从而直接上染，但更多的植物染色素则缺乏这种特性，即使着色，颜色也很淡，很容易被清洗掉。因此，植物染色过程一般要借助某种媒介物把色素与纤维牢固地连在一起,这种物质便称为“媒染剂”。借助媒染剂的染色技术称为“媒染”。媒染过程中常常伴随着化学反应的发生。例如，在用黄栌水染黄时，染工常在织物着色后再用碱性麻杆灰水漂洗，如此可使织物呈金黄色，因为黄栌染料硫菊黄素具有酸性指示剂的性质，在碱性环境下显出的黄色格外鲜亮。再如，我国古人大约在周代就已经知道利用绿矾（硫酸亚铁）染黑，因为绿矾与鞣质可发生反应生成黑色沉淀色料鞣酸铁。这项工艺实质上是地道的化学染色。

套染　中国古代的染色技术也经历了一个由简单到复杂、由低级到高级的过程。色染最初是“浸染”，即把织物漂洗后直接浸泡在染料溶液中，然后取出晾干即可。“浸染”是在染料品种有限的情况下所采用的最简单的染色技术。随着生产力的增长，人们对服饰的颜色要求越来越多样化，这就发展出了“套染”技术。套染是把织物依次浸入几种染料中陆续着色，这样，不同染料的组合就可以调出不同的色彩来。周代时，人们大致已经掌握了套染技术，《考工记》一书就记载了套染的程序。从考古实物上看，马王堆 1 号汉墓出土的染色织物经色谱剖析后发现，有绛、大红、黄、杏黄、褐、翠蓝等 20 余种颜色（见图 6–14）。

另外，印花技术也在汉代获得了很大的发展。马王堆 1 号汉墓出土过一件完整的印花敷彩丝绵袍（见图 6–15）。从这件文物身上我们可以看出中国古代印染技术之发达。中国古代的印染工艺有很多很好的技艺，这些技艺充分体现了中国古代社会匠人们的聪明才智和高度的文化素养。中国古代的印染匠人为美化人类的生活做出了卓越的贡献。[1]

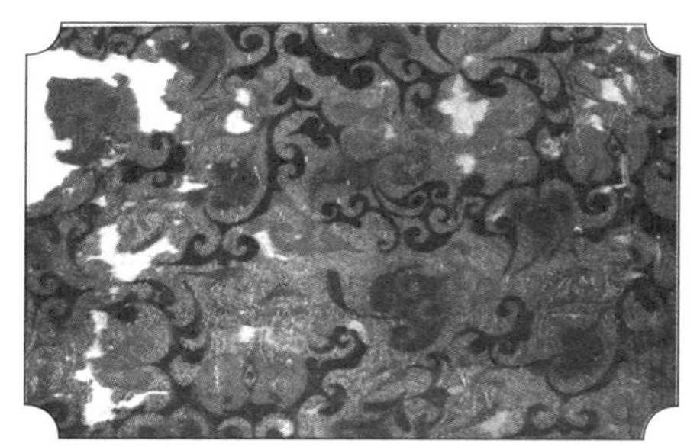

图 6–14　乘云绣（湖南长沙马王堆汉墓出土）

图 6–15　印花敷彩丝绵袍（湖南长沙马王堆汉墓出土）

中国传统的印染技术以丝绸为载体，通过陆海丝绸之路，传播到了世界各地。从这个角度看，五彩斑斓的中国丝织物也是中国传统文化的象征之一。试想一下，在古罗马时期，当西方人看到颜色鲜艳的中国丝绸时，是否也产生了对中国文化的向往呢?

七、唐三彩

唐三彩是唐代铅釉陶器的总称。根据目前人们掌握的考古资料来看，唐三

① 参见何介钧：《马王堆汉墓》，文物出版社 2004 年版；郭书春主编：《中国科学技术史·化学卷》，第 617 ～ 668 页。

彩大约兴起于唐高宗时期（628 ～ 683 年），在唐玄宗开元年间（713 ～ 741 年）达到鼎盛。唐代盛行厚葬，唐代的典章制度明文规定了不同等级的官员死后可随葬相应数量的明器，这就导致作为主要明器的三彩陶迅速发展。严格来说，唐三彩不是瓷器而是陶器。出土的唐三彩大多是明器，明器又称“冥器”，指专门为随葬而制作的器物。明器一般用陶、瓷、木或石制作，也有金属或纸质的。除日用器物的仿制品外，还有人物、畜禽的雕像及车船、建筑物、工具、兵器、家具的模型。唐代人追求奢华，死者生前所接触、所及的有关内容，如建筑物、家具、生活日用品、禽兽、侍卫杂役等无所不仿制，这就使唐三彩比唐代其他任何手工业艺术部门的产品品种都要丰富。所以，出土的唐三彩种类多，工艺精湛，造型奇特，色彩鲜明，件件堪称瑰宝。唐三彩是唐代陶瓷工艺高度发展的表现。（见图 6–16）

图 6–16　骑驼乐舞三彩俑（陕西西安鲜于庭诲墓出土）

考古学家和陶瓷专家对已经出土的唐三彩进行过细致的研究。他们发现，唐三彩的胎体一般为白色，部分器物的胎体由于氧化铁含量较高（1% 左右），又在氧化气氛中烧成，故略微发红。通过对唐三彩胎体进行化学成分分析发现，制胎的坯泥与当地烧造瓷器的黏土相近，不同的是坯泥的加工远不如制瓷那么精细。唐三彩是用含有铜、铁、钴、锰等元素的矿物作为釉料着色剂，以铅灰或炼铅的熔渣为助熔剂而配制成多种低温色釉料。釉色有深绿、翠绿、浅绿、蓝、黄、黑、白、赭、褐等，但以白、绿、黄三色为基色，所以得名“唐三彩”。在烧制过程中，这些呈色的氧化物随着含铅的助熔剂向四方扩散和流动，相互浸润，

形成了斑驳灿烂的色彩。

唐三彩是汉代以来低温铅釉发展的结果，它吸收了当时制瓷工艺某些方面的技艺，为宋代及以后各种低温色釉和釉上彩瓷的出现奠定了基础。唐三彩的绿釉乃是用孔雀石、蓝铜矿之类的氧化铜类的矿石粉着色，黄釉和褐色釉是用赭石（主要含有氧化铁）着色，黑色釉是用铁锰矿粉着色。这里特别需要说明的是，唐三彩的蓝釉是钴氧化物（一种含钴软锰矿）的呈色结果，这表明我国在陶瓷釉中用钴始于唐代。中国明清时期青花瓷的青花釉料的来源就可追溯到唐三彩蓝釉中的含钴氧化物。

唐三彩釉陶的成型工艺几乎融汇了当时陶瓷业、制漆器业、铸造业等多种手工艺的成型技巧，包括轮制、模制、雕塑及粘接。经过陶工的精雕细刻，生产出的陶塑造型多样，形态逼真。在制陶匠师的巧手之下，唐三彩的配釉和装饰手法丰富多彩，多达十几种。工匠师傅充分利用了唐三彩各种色调的低温釉汁的流动性和相互浸润性，组成了变幻莫测、万紫千红的装饰图案和色彩。唐三彩陶釉一般需经过两次烧制完成：第一次是素胎的烧制，烧成温度在 1000 摄氏度左右。较之瓷器的烧制，唐三彩的胎体烧结程度较差，因此唐三彩只能算是陶器，不属于瓷器。第二次是釉烧，即在素胎烧成后挂上釉料，然后放在直焰窑中，在氧化气氛下烧成，温度一般为 800 ~ 850 摄氏度。由于唐三彩的烧制温度低，因此它虽然色彩斑斓，但适应性却极差。因此，唐三彩多是用作明器或观赏的工艺品。①

唐三彩的釉料配置以及对烧制过程中各种颜色的低温铅釉流动、浸润工艺的把握巧夺天工，即使在现代科技工艺之下，也不容易仿制出唐代那些制作精湛的三彩釉陶器。唐三彩的制作工艺集中代表了发达的中国传统社会中的陶瓷制造业，它也因此成为了中国艺术宝库中的珍品。

---

① 参见郭书春主编：《中国科学技术史·化学卷》，第 73 ～ 74 页。

八、火药

众所周知，火药是中国古代的“四大发明”之一。中国人发明火药的历史可谓源远流长。从流传至今的宋代第一批火药方问世时算起，至少也有1000多年的历史了。火药的发明对世界的发展产生了极其深远的影响。马克思在其《经济学手稿（1861 ~ 1863年）》一文中曾这样写道：“火药、指南针、印刷术——这是预告资产阶级社会到来的三大发明。火药把骑士阶层炸得粉碎，指南针打开了市场并建立了殖民地，而印刷术则变成了新教的工具。总的来说，变成科学复兴的手段，变成对精神发展创造必要前提的强大杠杆。”① 虽然火药的发明对世界历史的发展进程产生了如此重要的影响，但在20世纪50年代之前，在火药最早在中国发明这一问题上，西方人曾有不少异议。1954年，中国学者冯家昇在其专著《火药的发明与西传》一书中全面、系统地论证了中国在世界上最早发明火药的史实，中国最早发明火药这一结论才逐渐为世界各国的学者所接受。

火药的发明大约在晚唐时期（10世纪左右），并首先应用于军事方面。北宋前期路振《九国志》和许洞《虎钤经》都提到唐末战争中曾使用过一种秘密武器“飞火”。许洞解释道：“飞火者，谓火炮、火箭之类也。”唐代并无“火炮”这一称谓，只有抛石机之类的远程抛物装备。如许洞所言准确可靠的话，那么唐末的“飞火”应当是原始的抛掷型或弹射型的火药武器。由此可知，中国古人在9世纪末或10世纪初就已经发明了真正的火药。文献记载的第一个火药配方出现在北宋仁宗康定元年（1040年）由曾公亮、丁度等修纂成的《武经总要》中。该书记载了“毒药烟球”“蒺藜火球火药法”（见图6-17）及“火炮火药法”三种火药配方。这三种火药配方都含有制造火药的最基本成分——硝石、硫磺和木炭。

---

① 《马克思恩格斯全集》第47卷，人民出版社1979年版，第427页。

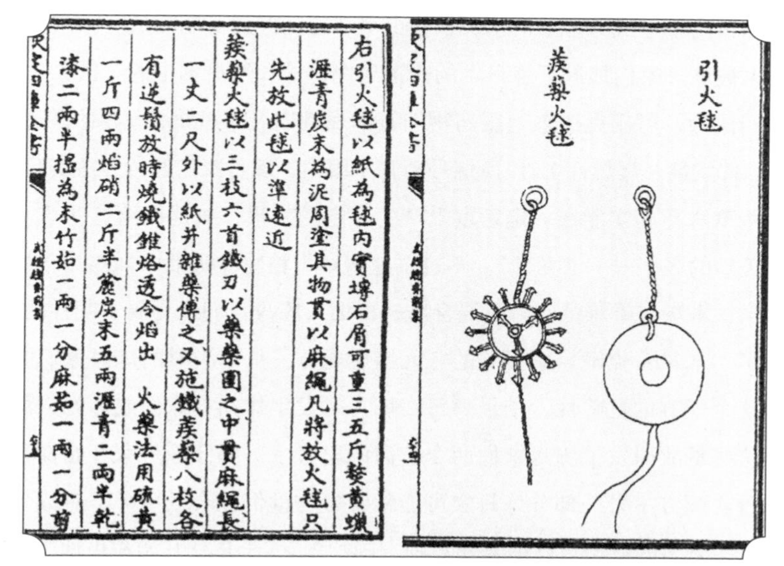
引火毬
蒺藜火毬

右引火毬以紙為毬内實塼石屑可重三五斤熬黄蠟
瀝青炭末為泥周塗其物貫以麻繩凡將放火毬只
先放此毬以準遠近
蒺藜火毬以三枝六首鐵刃以藥藥團之中貫麻繩長
一丈二尺外以紙并雜藥傅之又施鐵蒺藜八枚各
有逆鬚放時燒鐵錐烙透令焰出　火藥法用硫黄
一斤四兩焰硝二斤半麄炭末五兩瀝青二兩半乾
漆二兩半搗為末竹茹一兩一分麻茹一兩一分剪

图 6–17　“蒺藜火球”的外观及制造方法（宋·曾公亮等《武经总要》插图）

据冯家昇先生考证，火药的发明者乃是中国古代的炼丹家。经过几十年来众多科学史家的进一步考证，这一论断已基本为人们所接受。火药的发明之所以出现在炼丹术活动中，这与中国炼丹术的工艺特点和内容有重要的关系。中国古代的炼丹家为了炼制长生不老的丹药，常常标新立异，独出心裁，把品种繁多的矿物作为研究对象，设计出各种药物组合（配伍）。他们经常把几种甚至几十种矿物混合起来，放到丹鼎中加热，因此他们接触到的化学变化最多，人工制造出的化学物质也最丰富，当然遇到爆燃现象的可能性也就最大。早在先秦时期，焰硝（在火药中发挥引爆作用）及硫黄（包括雄黄，是火药的关键成分）就已经成为中医利用的中药了。到了秦汉炼丹术肇兴之时，它们自然就成了炼丹家们炼丹的重要材料。及至唐末火药发明之时，焰硝与硫磺、雄黄及雌黄在炼丹家们的丹房中已经被利用、研究了 1000 多年，炼丹家们对这些物质的性能已经有了相当充分的了解。

作为火药基本成分之一的木炭最初由草木之药经过炼制而成。大约在隋代，草木药也被炼丹家们加进了炼丹术的药谱当中，这和炼丹术中的“伏火”有关。炼丹家们认为，可用火法来制服药物固有的属性以及某些爆烈不驯的药性（包括毒性、挥发性及爆燃性），使所炼丹药宜于服用。炼丹家们经过多次实验之后，发现这些草木药确实能在一定程度上产生一定的效果，故他们给这些草木药起了一个美妙的名字——“龙牙”。不过，这些草木植物在丹鼎中加热后很快就会变成木炭，木炭与雄雌黄或硫黄混合后，再加入炼丹家们认为属于阴性的硝石，就形成了“木炭－硫磺－硝石”的三元爆燃配方。只是当时的炼丹家们并没有意识到这个配方的危险性，结果每每在炼丹时发生炸鼎、炸伤或炸死人的惨痛事故。这些事故引发了炼丹家们两个方向的思考：一部分炼丹家开始探索抑制爆炸的丹药配方；另一部分炼丹家可能常常参与世俗社会的事务，对战争颇有研究（有些著名的道士自己就兼任军师、国师等），于是就开始积极地探索丹药的爆炸规律，后来他们就成了最早的火药配方的发明者。

火药虽然大致诞生于晚唐，但真正发展是在宋代。北宋神宗熙宁年间（1068 ～ 1077 年），朝廷专门设置了“军器监”，总管武器制造。其中，军器监就把火药的制造和研发放在兵器制造的首位。从此，各种类型的火药配方和火器被逐步创造出来。南北宋交替之际，金人南下入侵，宋朝曾屡次用火药和火器击败金兵。

真正的管形火器的发明大约在南宋时期。宋高宗绍兴二年（1132 年），官员陈规在守卫德安（今湖北安陆）时发明了一种管形火器“火枪”。火枪是用巨竹筒制成的，内装燃烧性火药。由于这款火枪非常笨重，故在战场上需要两人持其末端，在交战时需点燃引信，由前端喷出火焰，烧杀敌人。这是管形射击火器的始祖，但并非真正意义上的“火枪”，而仅仅是一种原始的“火焰喷射器”。13 世纪时，金人进一步发展了火药武器。金哀宗天兴元年（1232 年），金人为了抵御侵犯南京（今河南开封）的蒙古军队，发明了爆炸性很强的“震

天雷”。震天雷由装有火药的铁罐制成，爆炸时威力巨大，杀敌甚多。南宋的寿春府（今安徽寿县）在宋理宗开庆元年（1259 年）又新创制了一种火器，名叫“突火枪”（见图 6–18）。[①] 突火枪是在陈规发明的火枪的基础上改进而成的。突火枪也用巨竹为筒，内装火药，并安放“子窠”（子弹）。火药点燃之后，先喷射火焰，待火焰燃尽后再发出一声巨响，“子窠”被火药爆破射出，以达到杀伤敌人的目的。显然，突火枪的发射原理与现代意义上的枪炮发射子弹、炮弹相同。因此，突火枪才是现代枪炮的始祖。火药在元代又获得了进一步的发展。大约在宋元之际，在蒙古人征服中亚的过程中，火药的配方及火器的制造技术传到了阿拉伯地区。后来，欧洲的翻译家又将阿拉伯文中有关火药的记载翻译成拉丁文，这样欧洲人才知道了火药。

图 6–18　南宋突火枪

火药和火器制造技术传到欧洲后，武装了那里的新兴资产阶级，并在他们发动革命、战胜封建贵族的战斗中发挥了巨大的作用。西方资产阶级建立、巩固政权后，又在开辟新航路的过程中用火药打开了亚、非、拉古老国家的大门。在第一次鸦片战争中，西方国家就是用中国人的老祖宗发明的火药打开了中国的大门。我们要铭记这一段屈辱的历史，努力为实现中华民族的伟大复兴而不懈奋斗。

① 参见冯家昇：《火药的发明与西传》，华东出版社 1954 年版，第 27 页。

九、靛蓝

靛蓝染色工艺是我国古代经久不衰的一门染色技术。用靛蓝染料印染服饰的习惯从周代开始，一直持续到近代。追溯中国人用靛蓝印染织物的历史，恐怕应从周代说起。《礼记·月令》中有“仲夏之月……令民毋艾蓝以染”的记载。艾，通“乂”，又通“刈”，割除的意思。这句话是说：仲夏时节，不要让百姓收割蓝草染织物。《礼记・月令》的内容反映的是周代的生活。从这个角度看，周人大致已经能够用蓝草印染织物了。就目前的传世典籍来看，尽管周代以蓝草染蓝的具体工艺步骤已经不甚清楚，但我们至少了解了这项流传至今的染色工艺起源甚早的事实。

图 6–19　蓼蓝

在用于印染的蓝草中，应用最早、最广泛的是蓼蓝（又称“蓝草”）。《诗经・小雅・采绿》中就有“终朝采蓝，不盈一襜”的诗句，其中的“蓝”就是指蓼蓝（见图6–19）。蓼蓝之所以能够印染服饰，主要得益于蓼蓝叶中含有靛质。当把蓼蓝叶浸泡在水中时，它很容易发酵而分解出原靛素。原靛素是一种白色结晶，属于吲哚类物质的衍生物，可溶于水。

当蓼蓝叶经过一天的浸泡之后，原靛素便溶于水中，此时的水会呈现出黄绿色。由于在水溶液中受到酶的作用，原靛素便会分解为吲哚酚及葡萄糖。吲哚酚被空气中的氧气氧化便生成靛蓝素。靛蓝素属于中性物质，

不溶于水和稀酸、稀碱，所以便会沉淀下来。此时，如果往浸出液中加入石灰以中和发酵过程中产生的酸，则可以大大加速氧气对原靛素的氧化反应，但这时的沉淀是靛蓝与碳酸钙的混合物。若欲制成靛蓝粉，则可往沉淀中加入酸以中和其碱性并溶解碳酸钙，然后经过澄清、过滤，再经过压榨、烘干，即可得到靛蓝素结晶体。纯净的靛蓝素为艳丽的蓝色结晶，但由于它不溶于水，所以不能直接用来染色。为了解决这个问题，大约在汉代，中国的印染工匠们发明了“发酵法”。发酵过程便是将成品的靛蓝晶体还原为可溶性的靛白的过程。

从不可溶的靛蓝素到可溶的靛白，这一过程主要是利用了酒糟的发酵作用来完成的。酒糟里面富含酵母菌，加入酒糟相当于加入了酵母菌。这样，靛蓝素也就被还原为可溶性的靛白了，这个过程叫“发靛”。印染织物时，印染工匠们以靛白溶液浸染织物，然后再将印染后的织物日晒，隐色素靛白便被氧化，还原为靛蓝，这就达到了染蓝的目的。①

从蓝叶的发酵得到靛蓝素晶体，再将不溶于水的靛蓝素晶体还原为可溶性的靛白，这两个过程严格说来都是化学变化的过程。用酒糟发酵还原靛蓝素晶体为可溶性的靛白，其中的窍门就得需要长时间的实验才能掌握。不仅如此，为了使发酵过程得以顺利、有效地进行，染匠们还常常会往染缸中添加一些草药，意在控制其还原过程朝生成靛白的方向进行或防止靛蓝腐坏。由于这项染色技艺极其绝妙，又须有丰富的经验，因此中国古代的染匠师傅们往往以秘诀相传授，在中国古代手工艺的典籍中却少有记载，更缺乏翔实的叙述。《齐民要术》中已经记载了靛蓝的成品制造，由此我们可以推测，5世纪时期，中国北方人民或许已经掌握了发酵工艺并以此染蓝了。但遗憾的是，《齐民要术》没有对此作进一步的说明。对于这项工艺，我们从明代初年问世的《墨娥小录》卷六中可以看出一些端倪。该书中记载了用一些草药配方发靛，又提到“如靛缸不甚发（发

① 参见郭书春主编：《中国科学技术史·化学卷》，第624页。

酵成靛白），入糟（即酒糟）少［许］。或将坏（腐败），则如石灰些少，此劫药也，或好或不好便见”。这段话尽管语焉不详，但却提及了发靛过程中的一些关键举措。由此可知，明代用蓝草发靛的技艺已经成熟。

靛蓝染色工艺是中国古代传统印染行业的代表性技艺。这种工艺传承2000多年经久不衰，近代畅销于世的蓝底白花粗布就是用靛蓝印花技术完成印染的。靛蓝染色工艺蕴含着丰富的化学知识，中国古代的匠人们虽未将这些知识提升到现代化学的高度，但他们对这些化学变化却了然于胸。中国的传统化学知识与其说是一种科学，毋宁说是一种文化。放大一点说，中国的传统科技其实也是一种文化。

第七章 成就斐然的水利科技

水利科技文化是中国传统科技文化的一个重要组成部分。古代中国同世界上其他三个文明古国——古代埃及、古代巴比伦和古代印度都是在大江大河的冲击平原上发展起来的。从某种意义上说，古文明都是江河的慷慨赠予，这已是举世公认的事实。然而，大自然的水却并非总是按照人类的意图分布或流动的。人类的生活需要饮用水，农业的发展需要水的灌溉，人们的出行和运输又需要水的承载，同时，人类的生活和农业的发展也需要防洪抗灾。一句话，人类的发展和社会的进步都离不开水利建设和治理水患的活动。

同世界上大部分国家一样，中国文明的起源与治水有着密切的联系。中国有文字记载的历史第一页大概就是大禹治水的传说。古代中国水利技术的出现较古埃及、古巴比伦，特别是奴隶制高度发达的古希腊要稍晚一些，然而，在春秋战国以后，中国的水利科技迅速发展，形成了与西方交相辉映的局面。中国的这种迅猛发展的势头一直持续到近代科学诞生前后。

古代中国和同时期的欧洲（古希腊、古罗马时期）发明“水准仪”的时间相近，原理相同，形制相仿，基本达到了当时的世界先进水平。汉代以后，与农业生产密切相关的水利灌溉技术逐步达到了世界领先的水平。中国古代不仅形成了独具特色的用水法则，而且还有专门管理灌溉的“水官”。随着耕作制度的改进，中国古人在灌溉中逐渐掌握了轮灌技术和节水技术。为了保证农作物生长对水的需求，中国古人还发明了围田、圩田等田制。中国古代的灌溉工程主要有简单的无坝引水工程、渠系引水工程和以堤坝蓄水为主的陂塘三种类型，每一种类型都有典型的代表工程：无坝引水工程要数都江堰最有代表性；人工挖掘的渠系引水工程的代表之一是关中平原的郑白渠；陂塘蓄水工程在中国古代也很普遍，如芍陂、木兰陂等。

黄河是哺育中华文明的母亲河，但是在古代，黄河屡屡泛滥，水患不断。历史上黄河曾数次决口和改道，几乎在历朝历代都造成过严重的损失，危害了百姓生存，破坏了农业生产。大禹治水时期，人们用疏导的办法平息了水患；

战国时期，人们又筑起了一系列长堤来防范水患。由于黄河含沙量高，下游河床会逐年淤积、升高，形成危险的“地上河”。一遇到汛期，黄河极易决口，危害百姓和牲畜，毁坏房屋，淹没农田。黄河大规模的改道更是会带来巨大的灾难。新莽时期的张戎提出了“以水刷沙”的理论，明代的潘季驯提出了“束水治沙”的方法以科学地治理黄河淤积的问题。潘季驯的这一治理黄河的理念至今仍有指导意义。

中国的运河航运技术相当先进，在古代一直居于世界前列。在运河上行驶的漕船会受到运河汛期和枯水期的影响，为了提高漕船过港的速度，节省漕运时间和便于船只出入运口，唐代在运河与江河相接的运口处设置了闸门。到了宋代，人们又发明了潮闸、复闸，其中复闸的形制和工作原理与现代的船闸相比并无二致。欧洲直到 17 世纪才发明类似的船闸。由此可见中国古代运河闸门技术的先进。

明清时期，中国人在修筑海塘时主要采用砌石塘的形式。钱塘江西岸海盐－海宁一线经过明清两代数百年的经营，经过了无数次惨重的垮塘，终于修造出以鱼鳞大石塘为主体的重力型海塘工程体系。鱼鳞大石塘代表着中国古代海塘工程技术的巅峰。

本章在概括以上中国古代水利技术的基础上，又专门列举了都江堰、京杭大运河、坎儿井及埽工技术四个有代表性的例子，着重介绍了中国古代无坝引水灌溉系统、运河航运系统、边疆干旱缺水灌溉技术以及黄河护堤、堵口技术。这四个特例也是中国传统科技文化中水利方面的典型代表。

一、水利测量技术

我国的黄河流域是世界四大文明发源地之一。数亿年以来，黄河携带着西北高原的肥沃土壤奔流到海，在下游冲积形成了黄淮海大平原。早在史前时代，人们就开始在这里生息繁衍。沿黄的干、支流既为人们提供了饮用、灌溉用水，

又冲积形成了一片片可用来种植农作物的沃土。史前时代的人们由渔猎、采集转而从事农业，中华文明由此肇始，黄河流域也因此成为了“中华民族的摇篮”。然而，河流在造福人类的同时，也会造成洪水泛滥、泥沙淤积等自然灾害。如何避灾而兴利，这就是水利问题。中国的历朝历代极其重视水利事业，因此中国古代社会一直被西方认为是“治水社会”。中国古代的水利技术在数千年里得到传承和不断发展，已经成为中国传统文化中不可分割的一部分。然而，无论是沿江河的堤防工程、沟通天然河湖的人工运渠，还是饮水灌溉设施，水利工程的建设都必须以水利测量为基础，否则便无法进行设计和施工。水利测量技术是水利工作的先决条件，它的成就高低代表着一个国家水利事业水平的高低。

准绳和规矩　原始水利测量技术的兴起很可能与大禹治水有关。据传说和典籍记载，尧舜时期，黄河流域曾发过大水。《尚书·尧典》说，这次洪水“汤汤洪水方割，荡荡怀山襄陵，浩浩滔天”。根据“怀山襄陵”“浩浩滔天”等描述，可见此次洪水的规模之大。舜用共工和鲧治水接连失败，后用鲧的儿子禹治水。大禹用疏导的办法平定了洪水。大禹在治水时，先是划定区域，在高处标出山河的位置，然后再用“准绳”“规矩”为工具进行测量。《墨子·法仪》解释说：“百工为方以矩，为圆以规，直以绳，正以县。”这句话中的“矩”是直角尺，“规”乃圆规，“绳”是木工弹直线用的墨绳，“县”通“悬”，即铅球。《史记·夏本纪》中记载，禹“行山表木，定高山大川”。意思是说，大禹用有刻度的木杆作为测量的标桩。从此，我国古代原始的水利测量技术诞生了。

中国古人对水利测量极为重视，他们测量距离的单位是“尺”，后来按照一定的倍数又派生出“步”“丈”等单位。到了晋代，中国古人还发明了机械测量工具——记里鼓车（见图 7-1）。[①]据《晋书·舆服志》所载，记里鼓车“驾四，

---

① 按：记里鼓车由汉代的“记道车”发展演变而来。西汉刘歆《两京杂记》云：“汉朝御驾祠甘泉汾阳……记道车，驾车，中道。”到后来加了行一里路打一下鼓的装置，故名。

形制如司南。其中有木人执槌向鼓，行一里则打一槌”。这段话的意思是说，记里鼓车由四匹马拉着，形状就像司南，车上有个木人手持鼓槌，每行一里地木人就敲一下鼓。到了明代，人们又发明了竹卷尺（见图 7–2）。[①]竹卷尺尺身用竹篾制成，涂以明漆，全长约为 66.7 米，约每 1.65 厘米为一刻画。竹篾平时卷在十字架内，用时拉出，携带非常方便。竹卷尺与我们今天用的钢卷尺形状相似，由此可见中国古代测量工具的先进。

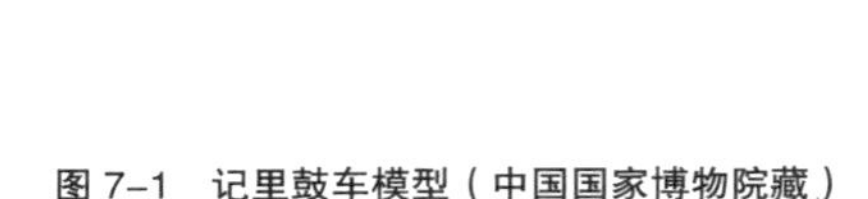

图 7–1　记里鼓车模型（中国国家博物院藏）

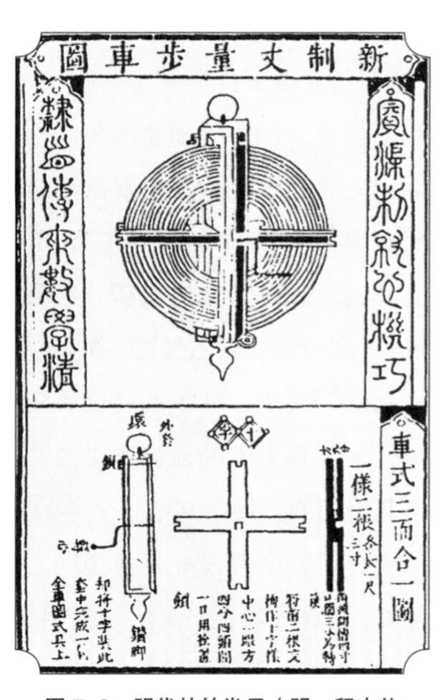

图 7–2　明代的竹卷尺（明 · 程大位《算法统宗》插图）

中国古人在测量高度和深度时常常用“绳”，这种工具直到近代还在使用。在进行水利测量需要辨别方位时，战国时代的人们使用司南，唐代以后则出现

① 参见周魁一：《中国科学技术史 · 水利卷》，科学出版社 2002 年版，第 103 页。

了指南针，土木建筑则使用圭表确定方位。这些发明前文都已经介绍过，在此就不再赘述了。

水准仪 水准测量在水利工程中极为重要。在水利建设中，“两点取平”就常常要用到水准测量器。在中国古代，最早给“水平”一词下定义的是墨子。他在《墨子·经上》中言简意赅地说：“平，同高也。”这表明墨子已经认识到了水平线高度相同的特征。《考工记》中有一段关于在城市建设中如何确定方位和平整土地的记载，其中有“水地以县（悬）”的说法。东汉的经学家郑玄注释说：“于四角立植而县（悬），以水望其高下。高下既定，乃为位而平地。”这句话的意思是说，在建筑场地四角立四根木柱，然后用水平法观测它们的高度。四角地面的高程确定后，再根据建筑物各个部位对地面高程的要求去平整开挖。唐代永徽年间（650～655年），贾公彦在给《考工记》的注疏中说：“柱正，然后去柱远，以水平之法遥望。柱高下定，即知地之高下。然后平高就下，地乃平也。”这句话的意思是说，在工地四角垂直立上四根柱子，然后远离柱子，用“水平之法”遥望。柱子的高度确定下来之后，便可知道四个角的高低了。高的那根柱子，其下方的地势势必要高，然后就要把高的地势铲平，直到将地势平整得其上面的立柱与其他三个角的立柱一样齐方可。“水平之法”究竟是什么仪器？郑玄、贾公彦都没有具体说明。从他们的解释来看，这种仪器构造简单且司空见惯，因此不必在经文的注疏中作过多的解释。清代学者戴震（1723～1777年）认为，《考工记》中记载的“水准仪”只不过是一个长条形、中间装水的盘子。

《汉书·沟洫志》中多处记载了古代开展大规模水利工程时的水准测量。例如，汉武帝征和三年（前90年）左右，为解除黄河泛滥对河南、河北及山东等地的威胁，齐人延年曾上书建议将黄河自中游向东改道入渤海。他说：“可案图书，观地形，令水工准高下，开大河上领，出之胡中，东注之海。”“准高下”即用水准仪测量地势高低。汉武帝元狩至元鼎年间（前120～前110年），在修建引出洛水的龙首渠的过程中，人们需要开挖一条穿越商颜山的隧洞。隧洞长10多公里，采

用竖井法施工，两端无法通视，这就必须依赖准确的水准和方位测量才能进行。这两个事例都证明了西汉时期不仅有了水准测量，而且已经达到了相当高的精度。从《考工记》的记载开始算起，我们大致可以断定，至迟在战国初年，便携式的水准仪已经被普遍应用。

直到唐代，水准仪的形制才有了明确的记载。北宋康定年间（1040～1041年），《武经总要》中不但转引了唐代有关水准仪的记述，而且还绘制了水准仪的形制和测量方式图（见图 7–3）。由于用水的水准仪不易携带，且水面易受干扰，故在宋代发明了不用水的水准仪。由李诫撰写，成书于北宋元符三年（1100年）的《营造法式》除介绍了利用水平原理制作的“水平真尺”外，还介绍了利用水平与铅垂线原理制作的“真尺”（见图 7–4）。到了清代，人们把不用水的水准仪称作“旱平”（见图 7–5）。清代的旱平一般为铜制，三角架中间的铜针可以活动，当铜针与三角形的顶点重合时，底边即为水平。这种建筑水准测量仪器直到近现代还在被使用。

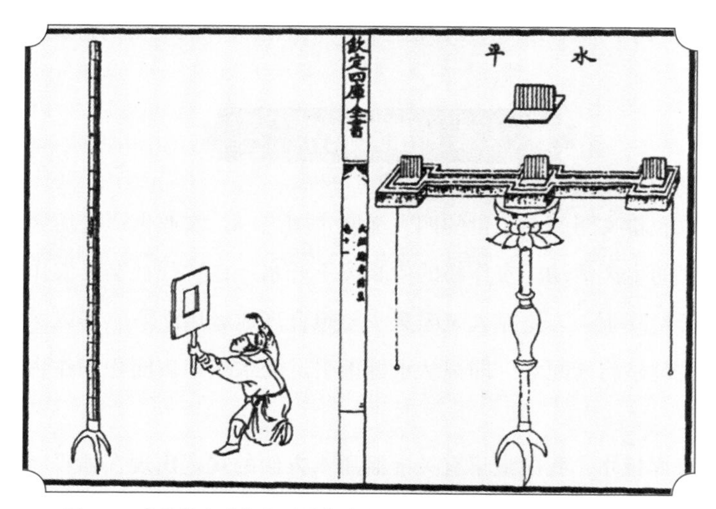

图 7–3　唐代的水准仪和测量方式（宋・曾公亮等《武经总要》插图）

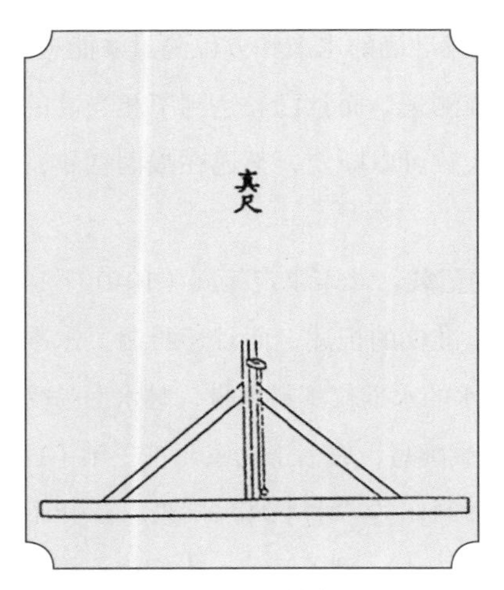

图 7–4　北宋的真尺
（宋·李诫《营造法式》插图）

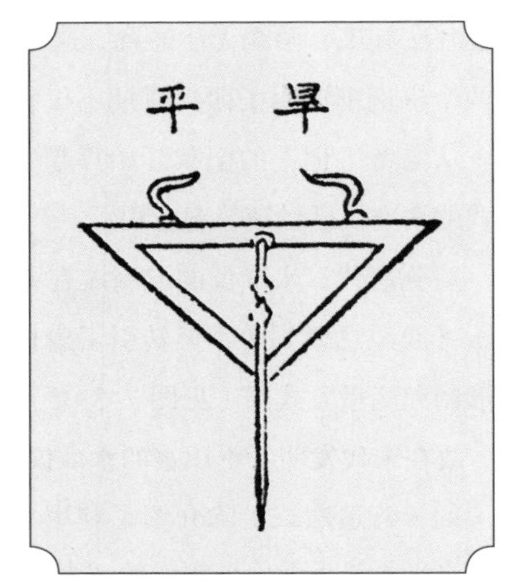

图 7–5　清代的“旱平”
（清·鳞庆《河工器具图说》插图）

古代中国和同时期的欧洲（古希腊、古罗马时期）发明“水准仪”的时间相近，原理相同，形制相仿，基本达到了当时的世界先进水平。中国古代的水利工程师们就是用这些简单而又精准的仪器创造了一个个世界水利史上的奇迹。

二、灌溉技术

我国是以农耕文明闻名于世的四大文明古国之一，农业生产是历朝历代统治者最为重视的生产活动。农作物的生长离不开水，在古代社会，农作物需要的水一是靠天然降雨，二是靠人工灌溉。要想合理地运用灌溉工程以保证农作物的丰产，关键是均衡配水，即把从水源地引进的水按地亩面积和作物品种进行合理的分配。

水法与渗灌技术　我国最早有关灌溉用水方面的规定出现在西汉时期。汉武帝元鼎六年（前 111 年），左内史兒宽主持在关中引泾水灌溉的郑国渠旁兴建

六辅渠，并在管理运用六辅渠时提出了“定水令，以广溉田”的用水法则。“水令”即农户用水的法规，这是有记载的我国历史上最早的灌溉用水规定。“水令”的实施保证了科学合理的灌溉，扩大了灌溉面积。西汉末年，关中地区推行能提高单位面积产量的“区田法”，相应的灌溉技术也有了新的进步——人们发明了类似现代节水理念的“渗灌”技术。渗灌是指在作物根系层土壤内的浸润灌溉，它既节水，又能保持对作物的适量水分供给，还可以保护土壤结构，形成较好的水、肥、土、气、热条件。当时著名的农学家氾胜之在其所著的《氾胜之书》中论述种瓜的灌水技术时说：“以三斗瓦瓮埋著科（作者按：10 平方步为一科）中央，令瓮口上与地平，盛水瓮中，令满。种瓜，瓮四面各一子，以瓦盖瓮口。水或减，辄增，常令水满。”水透过瓦瓮浸润作物根系，瓜可获得丰收，其经济效益就更明显了。氾胜之还总结了灌溉的规律。他说：“天旱，以流水浇之，树（株）五升（水）……雨泽时适，勿浇。浇不欲数。”所谓“浇不欲数”，就是说浇水的次数不应太多，而要适当。

灌溉用水制度　北魏太平真君五年（444 年），刁雍主持修建艾山渠，渠首自富平县（今宁夏吴忠）艾山之南引黄河水，通过 60 公里长的干渠输水，灌溉下游的 26 万多公顷农田。《魏书・刁雍传》记载了当时的灌溉用水制度：“一旬之间水一遍，水凡四遍，谷乃成实。”意思是说，全区的谷子浇一遍水需要 10 天，再灌溉四遍，即可满足谷子的生长需求。到了唐代，中国的水利事业进一步发展，管理经验也更加完善。唐代制订了一部系统的水利法规——《水部式》，这是我国有文献记载的第一部由国家颁布的水利法。《水部式》系统地规定了灌区内要实行轮灌制度。因为要实行科学灌水，所以轮灌是很重要的环节之一。灌区内诸渠道实行分区轮流灌溉，这是减少渠系渗漏损失、提高渠系利用效率的重要措施，同时也有助于保持渠道水位，扩大自流灌溉范围。对于引用浑水灌溉的灌区，轮灌还有减少渠系淤积的作用。因此，直到今天，轮灌仍然是灌渠灌水制度的重要基本原则。

在缺水的敦煌地区，唐代人还采用了科学的灌水方式，杜绝大水漫灌，以减少对水的浪费，提高灌溉的效率。《沙州敦煌灌溉用水细则》中说："诸恶……妄称种豆咸欲浪（滥）浇。"也就是说，大水漫灌的方式是必须被禁止的。此外，古人已经认识到，灌溉虽有助于作物丰产，但并非多多益善，在作物生长的某些阶段，灌水太多反而有害。明代宋应星在《天工开物》一书中引用民谚说："扬州谚云：'寸麦不怕尺水。谓麦初长时，任水灭顶无伤；尺麦只怕寸水。谓成熟时，寸水软根，倒茎沾泥，则麦粒尽滥于地面也。'"这段话大意是说，麦子初长时耐水，而在接近成熟时要严格控制水量，此时浇水多反而容易使麦茎倒伏减产。[①]

烤田、围田与圩田　水稻是需水量大的作物，但并非一味地增加灌水便可使其增产。"烤田"就是放水而不是灌水的技术。烤田技术首见于北魏农学家贾思勰的《齐民要术》一书。贾思勰在书中写道，水稻拔节时期，要先除草，再排干稻田水层，使阳光曝晒土壤，以便使水稻根系扎牢。由此可以促进水稻根系的发育，增强其茎杆的抗倒伏能力。烤田技术一直沿用到今天，对水稻增产影响甚大。

为了充分利用水资源，中国古代的劳动人民还发明了因地制宜的各种田制。前文已经介绍的汉代的"区田法"就是其中的一种。中国南方各省多山地丘陵，南宋时期人们以梯田保水防止水土流失。唐宋时期，围田成为了我国东南沿海区主要的耕作方式。围田是指将多水的湖沼之地筑土作堤，围成大面积的水田，这样可以保证水稻有足够的水源（见图 7-6）。[②]宋元时期，长江中下游濒湖地区又发明了一种围水而成的圩田。与围田不同的是，圩田堤防的形制较为广大，内水与外水的水位差往往有数米至 10 多米。圩内农田分布有灌排渠道，圩田四周修有高大的圩堤，圩堤上设有水闸，旱时引江水灌溉，涝时则开闸泄水入江。一座大圩往往有数万亩之多，属高产农业区。这些田制的形成也充分证明了中国古代灌溉技术的发达。

① 参见周魁一：《中国科学技术史·水利卷》，第 106 ～ 115 页。
② 参见周魁一：《中国科学技术史·水利卷》，第 123 ～ 127 页。

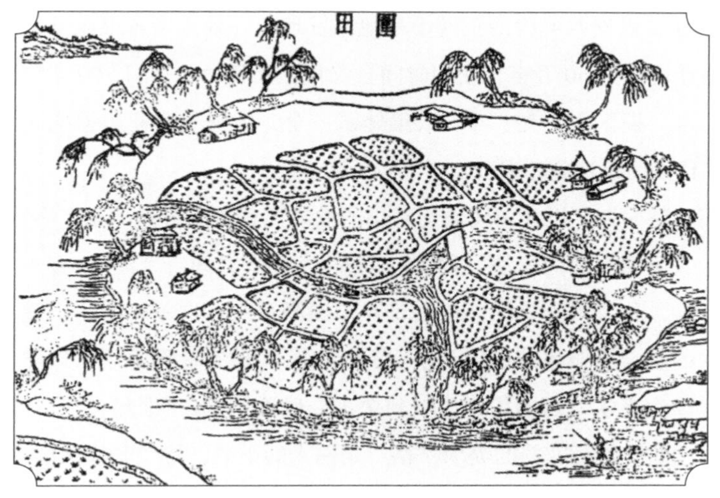

图 7–6　围田图（清·鄂尔泰《授时通考》插图）

自先秦至明清，中国历朝历代都修建了大量的大规模人工灌溉水渠，如战国后期修建的郑国渠，西汉时期修建的六辅渠、白渠、龙首渠，等等；还修建了大量的塘堰工程，如春秋时期楚国孙叔敖主持修建的芍陂、北宋时期修建的木兰陂等大型蓄水工程。这些水利工程的修建为中国灌溉技术的提高提供了先决条件。

三、灌溉工程

我国的农田灌溉工程起源甚早。在商代，我国的农田中就已经有了灌溉渠道。在商代的甲骨卜辞中，不仅出现了井田的符号，也有田“巛”的符号。“巛”字表示田边的水沟。这些水沟有天然形成的，也有人工挖掘的。人工挖掘的田边水沟就是最原始的人工灌溉工程。考古发现也证明了这一点。1993 年，在辽宁阜新发现了距今 3600 年的灌溉系统，据其断面尺寸可分为干渠、支渠及毛渠三级。

1997年，在甘肃安西境内的荒漠干旱地区发现了一处大型古渠灌溉工程，其灌溉面积估计可达到50万亩，使用时间自汉代至元代，干渠自100多公里以外的疏勒河引水，灌区干、支、斗、农渠体系齐全，体现了西北边疆地区渠道灌溉规划在汉代以前所达到的水准。

西周春秋时期，以井田沟洫为基础的灌溉工程相当普及。据《周礼·遂人》的记载，大田四百亩为一块，称为“一夫”，百夫之间有“洫”，万夫有“川”。这里的“洫”和“川”指的应该就是井田灌溉系统。这一时期还出现了兼顾灌溉和排水的复合灌溉系统。《周礼·稻人》说：“稻人掌稼下地，以潴蓄水，以防止水，以沟荡水，以遂均水，以列舍水，以浍写水。”据郑玄注，“潴”是蓄水的陂塘，“防”是环陂塘的堤坝，“荡”是输水的干渠，“遂”是配水的支渠，“列”是稻田中停水的畦，而“浍”就是排水渠。如果郑玄的注释无误，就说明早在周代就已经有了灌排两用渠系。

我国的灌溉工程大约分三类：简单的无坝引水工程、渠系引水工程和以堤坝蓄水为主的陂塘。

无坝引水工程　无坝引水工程是充分利用河流水文、河道地形和区域自然条件，直接在河道上引水的水利工程形式。其特点是工程规模小，可就地取用建筑材料，河流环境功能、水运功能以及地下水与地表水的天然循环机制均可以得到完整的保持。无坝引水工程的技术关键是渠首枢纽和渠系规划，而工程效益的发挥还与管理关系重大。渠首枢纽的最佳水流状态和渠道输水能力的维系都需要严格的工程管理措施。中国古代著名的无坝引水工程有四川岷江流域的都江堰、黄河河套段宁夏和内蒙古地区的引黄灌溉区和战国时期魏国西门豹主持修建的引漳十二渠等。具有2500多年历史的都江堰集中体现了无坝引水的技术特点，我们在后文会对其进行详细的介绍。

渠系灌溉工程　渠系灌溉综合工程由主渠和干渠组成。在与河流连接之处修筑引水口（又叫“渠口”），用筑导流堤的形式将水从江河中引出，然后修筑

主干渠道（渠道是连接两支河流的人工水道）连接另一条河流，再在主干渠道上修筑支渠，以增加灌溉面积。渠系灌溉工程是我国古代较为常见的综合灌溉体系。以郑国渠为例，据《史记·河渠书》记载，郑国渠在战国后期修筑时就采用了渠口筑导流堤的形式引水，从泾河上游的中山（即仲山，在今陕西泾阳西北）西瓠口为渠，干渠渠线基本布置在渭北平原二级台地的最高线上，并向东延伸到洛水。郑国渠建成后，泾河右岸今三原、高陵、泾阳及富平等县的土地在获得灌溉后亩产提高到了约 125 公斤，这在当时属于相当高的产量，秦国得此渠而富。汉代又在郑国渠的基础上修建了支渠——六辅渠和白渠。此后，郑国渠多被称为“郑白渠”（见图 7–7）。[①]在唐代，郑白渠又称“三白渠”，渠系经过了多次续道，工程设施更加完善。唐代三白渠自进水口至泾阳县“三限口”为总干渠，三限口设闸门分出太白、中白、南白 3 条分干渠，下分 11 条支渠，有分水斗门 176 处。干渠和支渠设置退水斗门和退水渠以调节水量。三白渠主渠、支渠、闸门和斗门相配合，是中国古代渠系灌溉工程最有代表性的案例。

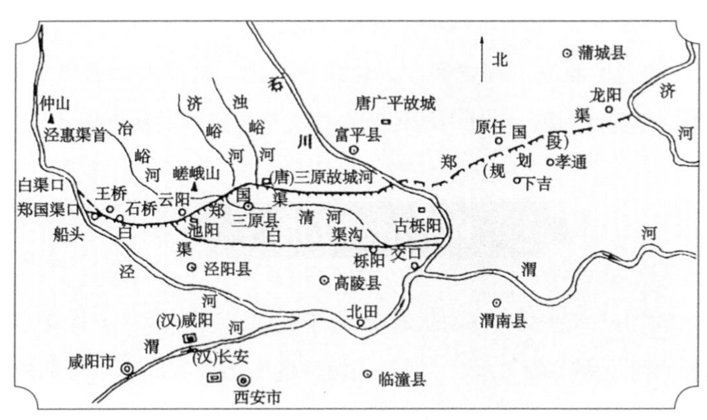

图 7–7　郑白渠示意图

① 参见周魁一：《中国科学技术史·水利卷》，第 205 ～ 215 页。

大型水利灌溉系统　据记载，我国最早的大型水利灌溉工程当属芍陂。芍陂为春秋时期楚国的孙叔敖主持修建，位于今天的安徽寿县境内。芍陂是我国早期的大型塘堰灌溉工程，后称“安丰塘”，是利用天然湖泊在四周筑堤形成。据北魏时期郦道元的《水经注・肥水》记载，芍陂堤坝长二三百里，有 5 座引水门，东汉时期可灌溉田万顷。由西汉南阳太守召信臣主持修筑的六门陂（在汉江上游支流湍流上修筑，位于今河南邓县境内）与周边若干陂塘串联起来形成了综合灌溉区域。六门陂在塘坝上安装了 6 个水门控制流水。据郦道元《水经注・淯水》所载，在西晋太康年间（280 ～ 289 年），杜预修复了六门陂。修复后的六门陂接连了 29 个陂塘，形成了“长藤结瓜式”的陂塘灌溉区。灌溉区各个陂塘用水统一由六门陂枢纽调来，工程配套设施完善，闸（或斗门）、堤防及渠道共同调节，形成了蓄灌节制有度的灌溉区，实现了对灌溉的统一管理。汉、北魏、隋唐对六门陂多有记载，这表明这种河流或渠道串联的所谓“长藤结瓜式”的陂塘水利工程从汉代以来就陈陈相因，代有延续。

中国古代的灌溉工程规划科学，设计理念先进，大多都做到了因地制宜，因此许多古代的大型灌溉工程直到今天仍在被利用。这些大型灌溉工程是中国古代劳动人民智慧的结晶，也是中国传统科技文化先进性的重要表现。

四、治河防洪

在古代，黄河的水患就一直困扰着中国的先民们。据《汉书・地理志》记载，在古代，一般的河流大多称“水”，“河”乃黄河的专名。我们这里所谓的“治河”主要就是指的治理黄河。黄河由于含泥沙多、汛期水流大，其治理在世界治水史上是公认的世界性难题。从史前到近现代，治河防洪一直是中华民族的主要任务之一。由此可见，治河防洪在中国古代水利史上占有重要的地位。

堤防的修筑　直至春秋时期，黄河没有发生过大的洪水，但是，在夏季时

常发生泛滥。据《孟子·告子下》记载，春秋初年，齐桓公纠集诸侯在葵丘会盟，订立盟约，其中有一条就是“无曲防”，即禁止修建损人利己、以邻为壑的堤防。这说明至少在春秋初期黄河流域就存在大量的堤防。战国时期，随着生产力的提高，铁制工具开始广泛应用。随着人口的增加，治理黄河、防范洪水成为了当时各诸侯国的重要任务。据《汉书·沟洫志》所载，战国时期在黄河下游两岸的赵、魏、齐三国分别在距离黄河干流 12.5 公里的地方修筑了堤防。由此可知，黄河下游系统的堤防大约在战国时期就已经形成。大规模系统的堤防的应用标志着中国古人的治河理论达到了新水平。大禹治水用疏导的办法，较之共工和鲧用简单的堤防“障洪水”前进了一步,而战国时期大规模系统的堤防出现以后，显著增大了河床纳洪的能力，改变了河道输水的特性，进而起到了控制洪水的作用，防洪更加主动了。当然，“堤”虽也是“障”，但它是更大规模、系统化的“障”。

黄河堵口　大规模、系统化的堤防的出现虽然是治理黄河工程的历史性进步，但也存在着与生俱来的问题。黄河自古以来就存在水质含沙量高的问题，大规模堤防的修建致使河床由于淤积逐年抬高。在雨季洪水期，抬高的河床更加剧和恶化了防洪的形势。黄河一旦决口，千里成泽，造成的破坏会更大。在西汉的 179 年间，黄河发生了 12 次决口，2 次大规模改道。应该说，这在很大程度上是黄河河床抬高、河堤抵御洪水能力下降的缘故。西汉官府动辄发动数万人堵塞决口，结果往往是堵了又决，收效甚微。汉武帝元封二年（前 109 年），黄河在下游瓠子（今河南濮阳境内）再度决口,汉武帝亲率群臣到现场指挥堵口，甚至命令在场的官吏自将军以下全都参加堵口工作，可见工程的艰巨性。最终，决口被堵住了，汉武帝在瓠子用桩柴平堵决口的办法也为后世所效法。但是，瓠子堵口成功的当年，黄河又在下游的馆陶（今属河北）决口，向北冲出了一条“屯氏河”，淹及 4 郡。汉成帝建始四年（前 29 年），黄河大决于馆陶和东郡金堤一带，4 郡 32 县受灾，淹没土地 15 万顷。第二年，河堤使者王延世采用竹

笼装石的方法堵住了决口。但是，两年后，黄河又在平原决口。由此可见，西汉的治河措施并不怎么奏效。西汉治河的实际措施除堵口外，主要为修筑堤防，但对修筑堤防却并无全盘的计划。

汉代黄河之所以容易决口，主要是因为河流泥沙淤积形成地上河，增加了修防的困难。对此，汉代人先后提出了分疏、滞洪、改道、避让、水力刷沙等理论来治理黄河。其中，新莽时期的大司马张戎提出的“水力刷沙”理论抓住了黄河致患的症结。尽管张戎没有实践他的治黄理论,但该理论直接影响了后世。明代万恭“以河治河”及潘季驯“束水攻沙”的理论可以说就是张戎“水力刷沙”治黄理论的进一步发展。

治黄理论　黄河在唐代比较安静，较少有决口的记载。但是，这一相对稳定的河槽在唐代经过了数百年的淤积，至北宋中期，河道滩地比相邻地面高出 3 米多，成为名副其实的“地上河”。从五代开始至北宋末年的 218 年间，黄河有 89 次决口的记载，平均每 2.5 年决一次口。针对黄河河床淤积的问题，北宋年间，人们曾试图用人力和简单的工具,借助水的流动疏浚黄河。宋神宗熙宁六年(1073 年)，李公义试制“铁龙爪扬泥车”，即用铁数斤打制成爪形，将铁爪系于船尾，沉入河底，船行拖动铁爪，带起泥沙，从而达到疏浚的目的。这个实验由于朝中朋党之争而最终流产,但它无疑是治理黄河过程中的一次有意义的探索。但是，凭人力疏浚泥沙所能输入的能量有限，而且在上游被搅起的泥沙走不了多远便会在下游再次沉积。这种方法对改善局部的淤积状况有功效，但是对于黄河这样含沙量高的大河来说，无疑是不现实的。

从南宋建炎二年（1128 年）开始，黄河再次改道，夺淮入海。金、元等朝对黄河基本上是放任自流，少有大规模的治理。明代前期提出的治理黄河的方略中，对下游河道分流的主张占了上风。明代中后期，“水力刷沙”的理论获得了很大发展：先是隆庆年间的万恭提出“以水治沙”，以堤防束水治沙，紧随其后是潘季驯的“束水攻沙”实验。万恭、潘季驯的治黄理论与新莽时期张戎的

理论本质上相同，但也有区别：张戎的意见是禁止黄河中游引水灌溉，使黄河水量集中下泄，冲刷淤积河床，以此达到治沙的目的；万恭则是利用黄河堤防为手段，通过改变河流局部的流态来达到冲刷淤积的目的；潘季驯在万恭的理论基础上，进一步提出了“束水攻沙”和“蓄清刷黄”的治河理论体系，并设计了一整套堤防系统。潘季驯的治黄理论影响深远，甚至连近现代的水利专家在研究治黄时仍要参考他的理论。①

在一定程度上，中国古代对黄河的治理实践和理念代表了中国传统水利技术的发展方向。中国古人对黄河泥沙运动规律的认识在世界治河史上一直居于领先地位，这也为近代以来对世界上含有泥沙的大河大江的防洪清淤治理提供了宝贵的经验。

五、运河航运

交通运输为国家命脉之所系，军事、政治、经济、文化等人类各方面的活动无不由交通运输来实现和执行。水运一直以来都是古代重要的交通运输方式之一。水运单纯依靠天然河流有诸多不便，因此人工开凿的运河航运就成为了水运的重要方式。运河穿江过河，与天然河流相交的运口段需要凭借工程措施，来克服两种不同类型的河道由于地形、水位等因素给通航带来的不便。运河修筑的关键是具备水位调节功能的运口枢纽工程，在运口段或运河纵向坡降较大的河段也需要工程来节制水流和维持起码的通航水深。中国古代开挖的人工运河主要负担航运功能，运河航运功能的保障主要靠调蓄运河的水源，没有足够的水或者通航水浅，则船只无法通行。因此，运河水利技术的关键在于调节水源供给，保证船只的顺利通航。

① 参见周魁一：《中国科学技术史·水利卷》，第188～192页。

堰埭　运河的水源供给或调蓄主要有三种方式：（1）利用沿运河两岸分布的湖泊洼地积水，通过工程措施（如开凿引水济渠的运河分支）向运河供水，或当运河水位高于湖泊时采用提水工具（如水车）向运河供水；（2）在运河与天然河道相交的运口段，利用工程措施引天然河流的水入运河；（3）在运河上分段筑拦河坝或闸门，通过坝将入渠的水流逐段保留在运河中，并维持运河各段的通航水深。以上三种方式中，尤以最后一种技术难度最大。运河上的拦河坝一般称作"堰埭"。规模大、里程长的运河（如京杭大运河），其大部分航段距离天然江河或湖泊较远，在枯水期只能采用分段截流、以拦河坝（堰埭）保持水深的工程措施。因此，在京杭大运河上，堰埭是最常见的工程建筑。

明代以前，淮河独立入海，京杭大运河中的淮扬段（今江苏淮安至江苏扬州）在扬州以南与长江相交汇的运口因为运河高、长江低，引长江水入运河非常困难。东晋时期，淮扬运河段已经开始筑坝拦水。当时，邗沟在广陵西南（今江苏仪征）运口上有欧阳埭，其北有召伯埭，再往北 7.5 公里有三枚埭，往北 7.5 公里有统梁埭。邗沟南段航道就是通过堰埭逐段提升水位才进入有水源接济、航道平顺的高邮淮安段。堰埭分段截水最大限度地保证了运河的吃水深度，使过往船只能够顺利地航行。这项工程发明最迟在东晋时期就已经存在，隋唐时期开凿的大运河很多河段都采用了堰埭拦水技术。

潮闸　京杭大运河跨越长江、淮河及黄河等大江大河。古代的漕船在京杭大运河上行驶时，穿越江河大川时会受到这些江河汛期和枯水期的影响。因此，为了安全地渡过江河，在隋代，漕船一般都要避开江河的汛期和枯水期。因此，运河在江河汛期和枯水期有限制过港的时间，称为"漕限"，这样往往会影响漕船按时到达目的地。为了提高漕船过港的速度，节省漕运时间和便于船只出入运口，唐代在运河与江河相接的运口处设置了闸门。见于记载的最早的运口闸

门是淮扬运河南段的瓜洲扬子斗门（见图 7-8）。[①] 扬子津在今江苏扬州扬子桥，斗门似在伊娄埭之南，斗门能启闭以便利引潮，以埭（水坝）阻拦运河水下泄入江。宋代出现了“潮闸”。潮闸建在运河与天然河道的相交处，具有引潮和借潮的功能，由运河口滩港岔上的闸门或坝组成，两闸之间的河段称“塘”。潮闸的主要作用是借潮水的上行抬高水位，从而引停泊在河港中的船只顺利进入运河。潮闸的蓄水是暂时的，可以做到每日都对水量进行调节。

复闸　宋代还在长江两岸的运口上出现的了新的工程设施——复闸。复闸的运行与现代船闸的工作原理相同。现代船闸一般由闸室、闸首、闸门、引航道及相应设备组成。船只上行时，先将闸室泄水，待室内水位与下游水位齐平，再开启下游闸门，让船只进入闸室，随即关闭下游闸门，向闸室内灌水，待闸室水面与上游水位相齐平时，打开上游闸门，船只驶出闸室，进入上游航道。下行时则相反。南朝宋景平年间（423 ～ 424 年），在扬子津河段上建造了两座陡门，按顺序启闭这两座陡门，控制两陡门间河段的水位，船舶就能克服水位落差上驶或下行。宋朝雍熙年间（984 ～ 987 年）

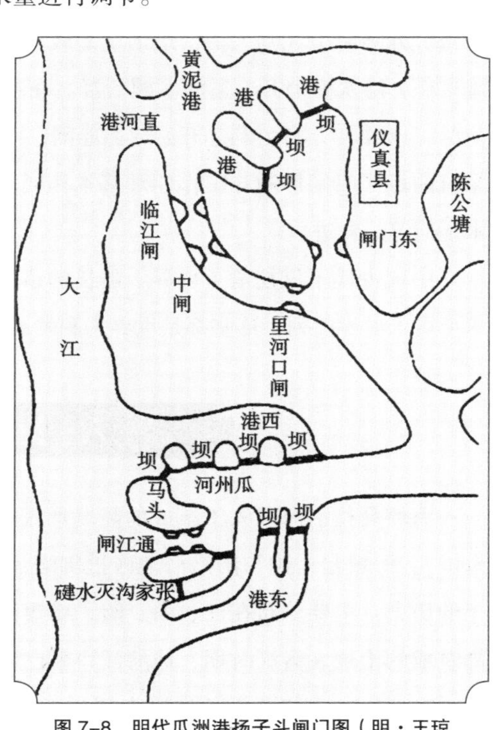

图 7-8　明代瓜洲港扬子斗闸门图（明·王琼《漕河图志·漕河之图》）

① 参见周魁一：《中国科学技术史·水利卷》，第 370 ～ 380 页。

在西河（今江苏淮安至淮阴间的运河）建造的两个陡门间距约 76 米，陡门上设有输水设备，这就是中国历史上有名的北宋的西河闸，是现代船闸的雏型。北宋天圣四年（1026 年），侍卫陶鉴寅主持修建的真州闸（位于淮扬运河南端）也是一座很有代表意义的复闸。到了南宋时期，真州闸形成了首闸、腰闸及尾闸三个闸门，三个闸门形成了内闸室、外闸室，两闸全长约 610 米。外闸主要蓄积潮水，平衡运河与长江的水位高差；内闸继续调整运河江口段地形形成的水位差。外闸室引江潮入内，地形高差较大，水流湍急；内闸室水位差减小，水流平稳，随水面上升与运河平顺衔接。在欧洲，单闸直到 12 世纪才首次出现于荷兰。1481 年，意大利才开始建造船闸，而北宋的真州闸与 17 世纪意大利米兰修筑的近代船闸形制与工作原理基本相同。由此可见，中国古代的运河闸门技术是何等的先进。

中国古代不仅挖凿了世界上最长的京杭大运河，而且在运河通航设施和技术上居于世界前列，这些都是世界水利发展史上的宝贵财产。

六、海塘

海塘是指沿海岸人工筑成的陡墙形式的挡潮、防浪的堤，又称为“陡墙式海堤”。海塘是中国东南沿海地区抵御海浪侵袭的重要屏障，至今已有 2000 多年的历史，主要分布在江、浙、闽、粤等沿海省份。最早的海塘就是就地取材修筑成的土坝。秦汉时期，钱塘江口就已经有了人工修筑的海塘。唐代开元元年（713 年），重修浙西海塘 31 公里。五代梁开平四年（910 年），吴越王钱镠在杭州用“竹笼装石”修塘，并在塘外临水面打木桩十几行，称“滉柱”，具有防浪消能的作用，但竹笼海塘屡屡被冲毁。到了宋代，人们开始修建砌石海塘。

北宋景祐年间（1034 ～ 1038 年），工部侍郎张夏置捍江兵士五指挥，每一指挥率兵 400 人，以军事化的方式组织石材采集和施工，以保障工程质量。南宋时期，在钱塘江海塘大量修筑砌石石塘。明清时期，钱塘江海塘砌石塘逐渐成为了主流的海塘工程形式。钱塘江西岸海盐—海宁一线经过明、清两代数百年的经营，经历了无数次惨重的垮塘，终于在基础工程结构和施工技术上取得了重要突破，这就是以鱼鳞大石塘为主体的重力型海塘工程体系。

直立海塘　早期的砌石海塘多为直立海塘。直立海塘是类似挡土墙的海塘，它在迎水面用大石直立砌筑，背面回填物由碎石向土料过渡（见图 7–9）。[①]其特点是施工工程量小，但由于塘身断面较小，工程的抗冲击性和结构稳定性差。直立石塘适于潮水冲击不太严重的地段，如修筑于元代的浙江上虞王永石塘，在明洪武时期经过增修，逐渐推广至浙江绍兴一带，一直沿用至今。直立石塘的基础打桩过程最为耗时，施桩处理的目的在于将来自上部的重力均匀分散；砌石要纵横错缝砌筑，以增加塘身的抗剪强度和整体性；砌石背部由碎石向土体过渡，这样能增加塘体的重量，提高稳定性。

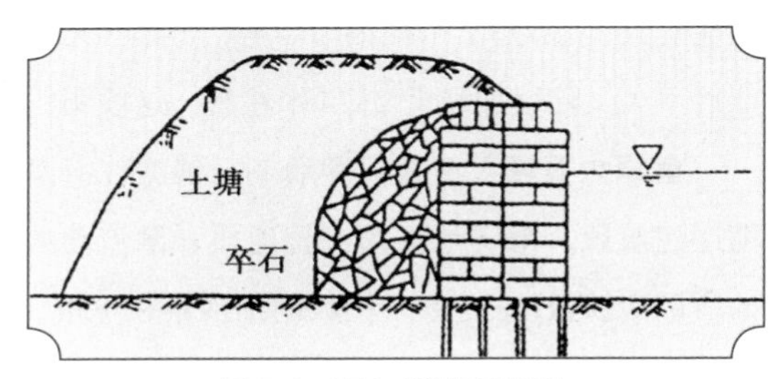

图 7–9　直立式海塘示意图

斜坡式海塘　另一类海塘是斜坡式石塘。斜坡式石塘的迎水面呈斜坡状，以大条石堆砌，断面上的条石以一横一纵的形式修筑，条石后填以小石，背坡以土堆筑，塘体是土石结构，因其外形而被称为“坡陀塘”（见图 7–10）。斜坡式石塘塘体稳定性好，抗风防浪效果优于直立式海塘，且修筑价格相对于鱼鳞大石塘要低廉，其缺陷是在强潮流的作用下，护面内外的压力差容易使块石脱落，

---

① 参见周魁一：《中国科学技术史 · 水利卷》，第 381 ～ 394 页。

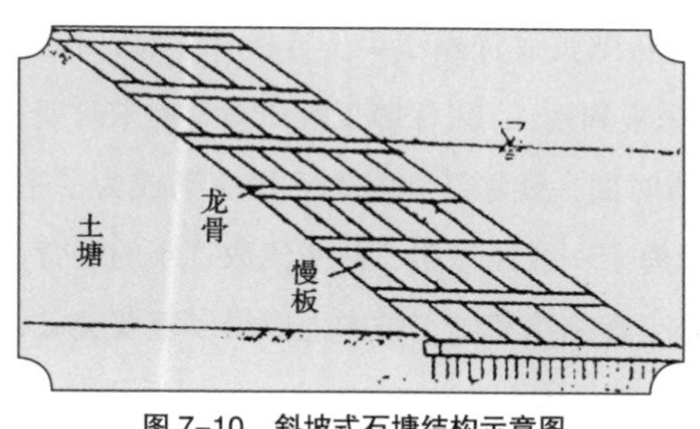

图 7-10　斜坡式石塘结构示意图

因此应用范围有一定的局限性。在斜坡式石塘修筑技术的基础上，明嘉靖二十一年（1542 年），浙江水利佥事黄光升采用五纵五横的砌石方法，在海宁修筑了塘身由 18 层条石砌成的高达 10 米的重力型海塘。这种纵横交错的骑缝叠砌法可使砌石相互牵制，极大地增加了塘体的稳定性和抗风浪抗冲刷的能力。黄光升在海盐成功地建成了底宽约 12.4 米、顶宽约 3.1 米、高约 10.2 米，共 18 层的大型砌石海塘，塘体结构和施工技术开创了清代鱼鳞石塘的先河。黄光升的重力型大石塘耗资大，每筑 3.1 米耗银 300 两，如此巨大的工程造价导致其只修了 930 多米，此后不久又陆续加修了 2325 米左右。这段明代海塘至今尚存,被称作“万年塘”。

鱼鳞大石塘　清朝康熙后期，钱塘江海潮主流从海盐转向海宁，海宁的海塘屡建屡毁。海宁地区的工程地质和潮流动力形态与海盐明显不同：较之海盐的所谓“铁板沙”，海宁松软的细沙难以下桩，而长达数米的基桩好不容易打下后，不久又出现“浮桩”。基桩浮桩问题成为了掣肘重力型海塘工程成功的关键。大型石塘工程在海宁一开始就连连受挫，施工既不顺利，建成后又有许多地段很快就发生坍塘,已有的建筑大型石塘工程的经验也不能解决浮桩的问题。最终，经过康、雍、乾三朝长达 60 多年的时间，被称作“鱼鳞大石塘”的海宁大型石塘才彻底解决了这一难题。清代鱼鳞大石塘的成功在于其解决了粉沙地基高空隙水压力情况下的桩基施工和基础处理工程问题。清乾隆四十九年（1784 年），海宁戴家桥段石塘下桩成功，从而解决了浮桩的问题。其具体做法是：先在下桩之处下竹竿对沙土进行扰动，让孔隙水的压力部分被释放出来，将木桩改成 5 根一组的“梅花桩”，然后再下桩；夯筑过程中有先有后的相继振动使残存的孔隙水压力同时被释放出来，桩基由此牢固。鱼鳞大石塘的塘体与明代黄光升创

制的石塘样式相同，都强调外形尺寸高大、条石要求整齐划一。

据《大清会典事例》卷九二记载，鱼鳞大石塘的具体形制为："于岸塘用长五尺、阔二尺、厚一尺之大石。每塘一丈，砌作二十层，共高二十尺。于石之纵横测立两相交处，上下凿成槽榫，嵌合连贯，使互相牵制难于动摇。又于每石缝合处用油灰抿灌，铁销嵌口，以免渗漏散裂。塘面内筑土塘；计高一丈，宽二丈，使潮汐大时不致泛滥"。（见图 7-11）

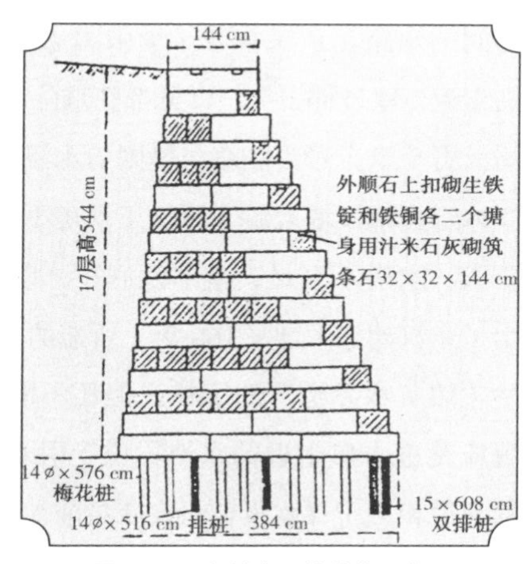

图 7-11　鱼鳞大石塘结构示意图

清代的鱼鳞大石塘是中国古代海塘工程技术的最高水平，也是中国古代大型水利工程建筑技术发展的极致。直到今天，鱼鳞大石塘的塘体和塘基的修筑规范仍有很大的参考价值。

七、都江堰

在战国时期兴建的渠系工程中，以都江堰最为著名。在历代兴建的千百座大型灌区中，至今仍完好地运用着的，也首推都江堰。都江堰原本是战国末年秦国因统一中国战争的需要而建设的。秦惠王二十二年（前 316 年），秦灭蜀，以其地设置蜀郡。秦昭王末年，蜀郡守李冰主持修建了都江堰。都江堰的修建没有停留在战国时期，此后的历朝历代都对其进行过完善。到了唐宋时期，都江堰的渠首工程基本稳定下来，其基本形式一直延续到了 20 世纪 60 年代。

据《史记·河渠书》所载，蜀郡守李冰在修建都江堰时"凿离碓，辟沫水之害，穿二江成都之中"，意思是说，开凿引水口（即今之宝瓶口），疏浚岷江与成

都间的水路。东汉常璩《华阳国志》记载，李冰“壅江作堋、穿郫江、检江，别支流，双过郡下”，可见都江堰除了灌田、行船外，还漂送岷山木材，“于是，蜀沃野千里，号为陆海。旱则引水浸润，雨则杜塞水门”，“天下谓之天府”。李冰还在都江堰上游“西于玉女房下白沙邮作三石人，立三水中，与江神要”，要求“水竭不至足，盛不没肩”，以控制干渠的引水量。1974 年，在渠首发掘出了东汉建宁元年（168 年）所造的李冰石像，上面刻有管理官员“造三神石人珍（镇）水万世”的字样，但还不能断定这是否就是“水则”。石人出土的位置应是进水口附近的水池，位于引水口起下游 500 余米处。石像到宝瓶口之间的河道相当于导水渠，而宝瓶口前江心洲的导流堤则发挥着壅水和导流的作用。

岷江和沱江分别绕成都平原的西缘和东缘流向东南，成都平原腹地并无大江大河。都江堰的兴建沟通了岷江和沱江，同时将岷江引入成都平原腹地，形成了以成都为中心、与岷江上游地区相联系的水路交通网，打开了成都平原与长江的通道。到战国以后，都江堰演变成了以灌溉为主，并具有综合功能的水利工程。

西汉景帝后元三年（前 141 年），文翁为蜀郡守，“穿湔江口，灌溉繁田千七百顷”，与都江堰灌区联合向北扩展。三国蜀汉时，诸葛亮设堰官，征丁 1200 人来维修都江堰。西晋时，对引水口前的导流堤有了更多的文字记载。太康年间（280 ～ 289 年），左思的《蜀都赋》云“指渠口以为云门”。大致生活在同一时代的刘逵解释说：“李冰于湔山下造大堋，以壅江水，分散其流，溉灌平地。故曰‘指渠口以为云门’也。”这里的“大堋”就是导流堤。

到了唐代，都江堰导流堤演变成了“分水—导流堤”，时称“楗尾堰”，其下与导流堤相接，由于堤堰工程的位置可以人为选择，并对引水量有所控制，为了稳定分水口的位置，在导流堤迎水端出现了专门的分水工程：元代置“铁牛”，宋代设“象鼻”，明清时期建“鱼嘴”，但均是分水—导流堤。这类建筑是在江心洲前段呈流线型的分水导流工程，其形制至今仍无大的改变。

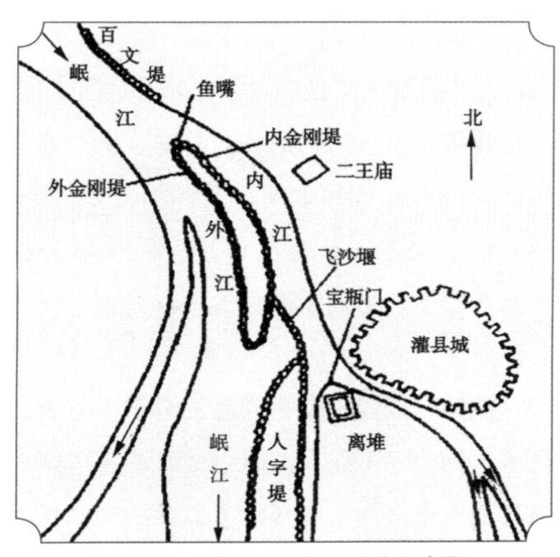

图 7-12　近代都江堰工程分布示意图

都江堰渠首工程完善于唐代，除了分水堰、导流堤、宝瓶口外，还出现了具备节制水量和排沙功能的"流堰"。唐代还在宝瓶口前引水渠段利用江心洲和河道地形修建了"侍郎堰""百丈堰"，即为明清后所称的"飞沙堰""人字堤"。这些因地制宜的工程加上引水渠段的疏浚工程，实现了对都江堰水量的总体控制。

到了近代，都江堰工程演变为由百丈堤、鱼嘴、金刚堤、飞沙堤、人字堤、宝瓶口组成的一个相互联系的整体，主要部分是鱼嘴、飞沙堤和宝瓶口（见图 7-12）。[①]

从现代水利规划的角度来看，都江堰渠首位置的选择无疑是相当科学的。与现代通行的高坝大水库相比，都江堰采用的无坝引水工程不会导致天然河流消失、库区人口迁移及泥沙淤积造成的水库库容量减少等棘手问题。从这个角度来说，都江堰的设计理念直到今天也有很大的参考价值。

八、京杭大运河

京杭大运河是中国，同时也是世界上最长的古代运河。它北起北京，南至杭州，途中流经天津、河北、山东、江苏和浙江四省一市，沟通了海河、黄河、

① 参见蒋超：《中国古代水利工程》，北京出版社 1994 年版，第 23 ～ 29 页。

淮河、长江和钱塘江五大水系，全长 1782 公里，远远超过了世界上著名的苏伊士运河（长约 172 公里）和巴拿马运河（长 81 公里）。

邗沟 京杭大运河各段并非在同一时间开凿而成。大运河最早开凿的河段是自今扬州至淮阴段的“邗沟”。据《左传·哀公九年》记载，鲁哀公九年（前 486 年），吴王夫差为了北上争霸，“城邗，沟通江淮”。邗，就是今天的扬州。在此基础上，运河不断向北向南发展、延长，至隋代，隋炀帝下令沟通大江南北的运河，京杭大运河方才形成。

鸿沟 战国中期，魏惠王十年（前 361 年）下令开凿“鸿沟”，自荥泽引黄河水入圃田泽（在今河南中牟西），再向东开凿至大梁（今河南开封）城北；到魏惠王三十一年（前 340 年），再于大梁城北继续向东开凿，并向南转。鸿沟不仅沟通了黄淮水系，而且联结了汴、汝、沙、泗、济、颍、睢、涡等河道，在黄淮平原上形成了一个规模庞大的水道交通网。西汉时期，鸿沟又称“狼汤渠”。西汉中期以后，鸿沟逐渐淤积，但后来鸿沟仍构成了隋朝运河部分河段的汴渠（东汉开凿）或通济渠，也有一部分隋朝运河是利用鸿沟旧道重凿的，所以鸿沟在隋代名虽渐废，但实质尚存。鸿沟在隋代运河各段中也是开凿较早的。汴渠、白沟和平虏渠主要是在东汉时期开凿的：汴渠是在鸿沟故道的基础上重新开凿的；白沟和平虏渠都是东汉末年曹操下令开凿的，白沟的前身大致为今河南淇河至河北大名附近的卫河，后来成为了隋朝大运河永济渠的前身，平虏渠南起滹沱河，北至泒水（今河北沙河），构成了京杭大运河中南运河段的前身。

隋朝大运河 隋炀帝时期，以上各段古运河被疏浚、改建或扩建，并相互沟通，形成了一条联系我国南、北方的大运河。不过，隋代的大运河和我们今天看到的京杭大运河不完全是一回事。隋代的大运河主要由山阳渎、通济渠、永济渠、江南河等几段工程构成，其中除了山阳渎是在隋文帝开皇七年（587 年）疏浚邗沟旧道完成的以外，其余基本上都是隋炀帝下令开凿的。据《隋书·炀帝纪》记载，隋朝大运河中首先开凿的是通济渠。通济渠的工程量很大，大

业元年（605 年），炀帝发河南诸郡男女 100 多万人开凿通济渠。通济渠长约 1000 公里，广 60 米，两旁皆修筑“御道”，两岸遍植杨柳。它沟通了黄河、淮河及长江三大水系。与此同时，炀帝又征发淮南丁夫约 10 万人重开邗沟，改称“山阳渎”。大业四年（608 年），隋炀帝又诏发河北诸郡 100 多万人开凿永济渠，永济渠南达黄河，北通涿郡（今北京广安门附近），其主要工程是凿通沁水上游，使其南入黄河，与通济渠相通。大业六年（610 年），隋炀帝又下令开凿从京口（今江苏镇江）至余杭（今浙江杭州）的“江南河”。江南河长 400 公里，是现在京杭大运河最南的一段。自隋文帝开通广通渠到炀帝完成江南河，前后历时 20 多年，形成了一个以洛阳为中心，西通关中，北抵河北平原，南达太湖流域，遍及今天陕西、河南、河北、山东、安徽、江苏、浙江 7 个省的庞大水运体系，这就是所谓的“隋朝大运河”。

与现代的京杭大运河相比，隋朝大运河同样是北起北京，南达杭州，只是它的路线除了江南河、山阳渎和永济渠北段等与京杭大运河基本一致外，通济渠和永济渠的主体却大都向西折向洛阳，形成了一个大弯。隋代大运河全长 2700 多公里，远远超过了今天的京杭大运河。唐宋时期基本上沿用了隋朝大运河。

京杭大运河　到元代定都大都（今北京）以后，运河河道发生了很大的变化。当时由于隋代大运河年久失修，从黄河到御河（卫河）、从通州到北京等段已经不能通航，元大都需要的粮食等物资无法从南方运到北京。江南的物资须先经过汴河运至开封，再转黄河入御河，路线既长，还要转陆运，成本太高，所以改建大运河就成为了当时亟待解决的一个问题。元朝改建大运河的目的很明确，就是想办法使运河直接从淮北穿过山东，进入华北平原，抵达北京。淮北至鲁南这一段可利用泗水等天然河道，剩下的需要解决的主要有两段：第一段是沟通泗水与卫河，需打通从山东济宁到东平长约 70 公里的济州河，后又开凿了沟通济州河与御河的会通河（南起山东东平的须城，北到临清）。第二段是从北京

到通州这一段，距离虽短，但地势较高，开凿引水的难度大。这一段由元代著名的科学家郭守敬精心设计，至元三十年（1293 年）成功开凿了通惠河。

从公元前 486 年开凿的邗沟算起，到 1293 年通惠河竣工为止，前后的兴建、扩建和改建工程共经历了 1779 年的时间，这才形成了我们今天的京杭大运河（见图 7–13）。[①]

元代虽然打通了从须城至临清的会通河，但是会通河主要从汶水引水，岸狭水浅，不任重载。这个难题直到明朝永乐年间才解决。永乐九年（1411 年），工部尚书宋礼主持重开会通河，山东汶上老人白英建议在汶水上建筑“戴村坝”，横亘 5 里，把全部河水向西南引入南旺湖。由于南旺湖地势高，水到南旺之后，通过上、下两个闸门控制，使水南北分流。北水流量占 60%，到临清 150 多公里，地势降低约 30 米，其间设置船闸 17 座；南流水量占 40%，到徐州约 190 多公里，地势降低 38 米多，其间设置船闸 21 座。这样既解决了水源问题，又方便了船只往来。至此，京杭大运河才算正式完成。[②]

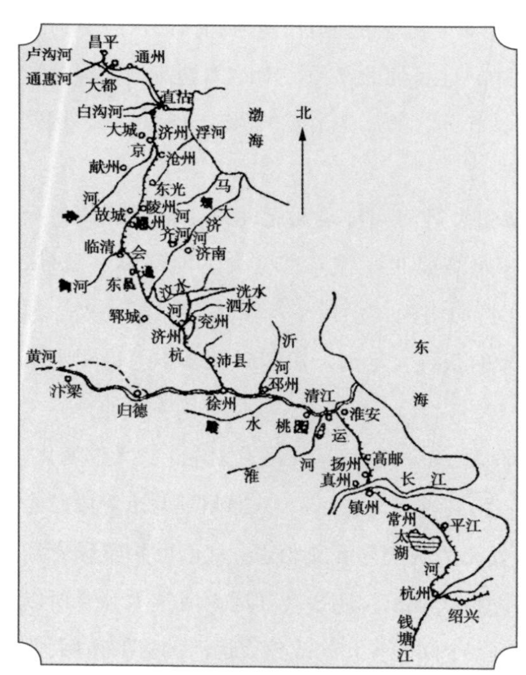

图 7–13　元代京杭大运河示意图

① 参见姚汉源：《中国水利史纲要》，水利电力出版社 1987 年版，第 401 页。
② 参见孙寿荫：《京杭大运河的历史变迁》，《历史教学》1979 年第 6 期。

京杭大运河是全世界开凿最早、里程最长和工程量最大的人工河。它的开凿成功不仅加强了我国南北之间的经济文化交流，促进了沿岸市镇的繁荣和发展，而且成为了中国水利事业上的一座丰碑。2014 年 6 月 22 日，在卡塔尔首都多哈召开的第 38 届世界遗产大会审议并通过了中国提交的“大运河”申遗申请，这使得京杭大运河又获得了新生。

九、坎儿井

新疆的坎儿井是人类改造和利用自然的一项伟大发明。坎儿井最早出现在吐鲁番。吐鲁番的坎儿井起源于何时、何处，一直以来都存在争议。目前，学界大致有三种意见：源于汉代关中井渠说；林则徐谪戍新疆创造说；传自中亚或波斯的外来说。西方学者大多主张最后一种说法，而我国大多数学者主张第一种说法，甚至提出了波斯坎儿井乃中国传入的说法。

“关中井渠说”是根据司马迁《史记·河渠书》所载的“龙首渠”而得出的。龙首渠是采用井渠施工技术的一种灌溉工程，它创建于汉武帝元朔、元狩年间（前 128 ～前 117 年）。《史记·河渠书》在记载龙首渠的开凿时说：“于是为发卒万余人穿渠，自徵引洛水至商颜下。岸善崩，乃凿井，深者四十余丈。往往为井，井下相通行水。水颓以绝商颜，东至山岭十余里间。井渠之生自此始。”中国大部分学者认为，龙首渠施工技术的西传，导致新疆坎儿井的诞生。另外，“坎”字是《易经》八卦之一，其本意就是“水”，这也可能是“坎儿井”这一名字的由来。从种种迹象上看，坎儿井应该是源自中国古代的发明，很有可能是汉代龙首渠开凿技术西传的结果。《汉书·西域传》中明确记载了西汉宣帝时期新疆地区就有坎儿井的事实。汉宣帝曾“遣破羌将军辛武贤，将兵万五千人至敦煌。遣使者按行表，穿卑鞮侯井以西，欲通渠转谷，积居庐仓以讨之”。汉末三国时期，孟康注释“卑鞮侯井”曰：“大井六通渠也，下泉流涌出，在白龙堆东土山下。”白龙堆在今新疆维吾尔自治区库

鲁克塔格山以南，罗布泊以东，玉门关以西。从孟康的解释可知，卑鞮侯井的水源（泉水）和工程形式（井渠并用）与后世的新疆坎儿井（见图 7–14）[①]别无二致。

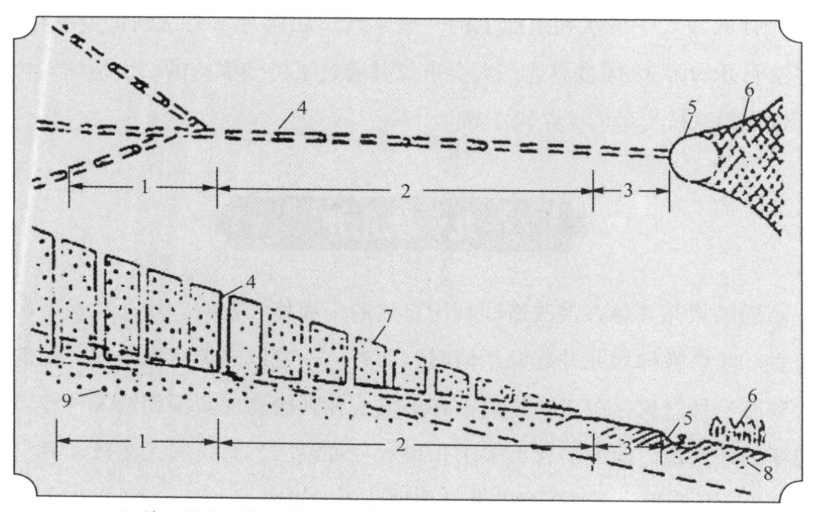

1. 地下渠道的进水部分　2. 地下渠道的输水部分　3. 明渠　4. 直井
5. 涝坝（小储水池）　6. 坎儿灌区　7. 砂砾石　8. 土层　9. 潜水

图 7–14　新疆坎儿井工程示意图（上为平面图，下为剖面图）

坎儿井是新疆地区独有的人工水利工程，它的开凿与新疆的地理和气候相适应。新疆地区光照时间长，水资源匮乏。由于距离海洋遥远，加上新疆多高山阻挡，来自海洋的潮湿气流很难到达该地区，因此，新疆的降水量比同纬度其他地区要少许多。新疆虽然气候干旱，但昆仑山、天山等高山海拔高，上有大面积的冰川，冰川融化汇流成河，河水渗入沙漠就形成了绿洲。在绿洲上，生活着全新疆 90% 以上的人口。在这种独特的自然条件下，兼有井和地下水渠功能的坎儿井就诞生了。

现存的坎儿井主要分布在吐鲁番和哈密一带。这两个地区位于山麓脚下，

① 参见周魁一：《中国科学技术史 · 水利卷》，第 368 ～ 370 页。

古河床上时常有地下水渗出。坎儿井由竖井和地下暗渠组成。坎儿井往往在山麓上顺地势自高向低开凿若干竖井，开凿竖井是为了打通下方的暗渠（隧道）。将各竖井连通，随着地势的逐渐降低，最后水就被引出暗洞，积蓄在池塘中，再通过水渠输送到田间。

坎儿井是中国古代水利发展史上的重要科技成就，也是内陆干旱地区在古代科技文化发达的证明。

十、埽工

“埽”是中国特有的一种用树枝、秫秸、草和土石卷制捆扎而成的水工构件，主要用于构筑护岸工程或抢险堵口。单个的埽又称作“捆”“埽由”等，多个埽叠加连接起来则称为“埽工”。埽工在我国至少已有2000年的历史了。埽工主要应用在黄河等多沙河流的防治上，它是我国水利工程技术上的一大创造。

早期的埽工称作“茨防”。“茨”是指芦苇、茅草之类的植物。由此可知，早期的埽工制作材料应该是芦苇等植物。战国时期，曾一度活跃在齐国稷下学宫的赵国人慎到（前395～前315年）曾经在其所著的《慎子》中说：“治水者，茨防决塞，虽在夷貊相似如一。学之于水，不学之于禹也。”这里的“茨防”就是早期的埽工。由慎到的描述可知，埽工在战国时期就已经普遍用于保护堤岸了。西汉前期的文献典籍《淮南子·泰族训》中曾记载：“掘其所流而深至，茨其所决而高之，使得循势而行，乘衰而流。”这里的“掘”是开挖和疏浚河床，“茨”则是用来堵塞决口的物件。

汉武帝元封二年（前109年），黄河瓠子大决口，武帝亲临现场指挥堵塞决口，所用的技术手段就是埽工。《史记·河渠书》记载：“（武帝）令群臣从官自将军已下皆负薪填决河。是时东郡烧草，以故薪柴少，而下淇园之竹以为楗。”“楗”就是用竹子编制的埽工。《汉书·沟洫志》在描述汉成帝建始四年（前29年）

王延世堵塞黄河决口时，较为详细地记载了埽工的形制。王延世采用了“以竹落长四丈，大九围，盛以小石，两船夹载而下之”的做法堵塞了决口，这里讲的其实就是埽工。

埽工的发明虽较为久远，然而直到北宋初年才正式得名。北宋时期，黄河修筑堤防主要采用的就是埽工技术。宋真宗天禧年间（1017 ～ 1021 年），北宋朝廷在黄河下游孟州（今河南孟县南）至棣州（今山东惠民）间的堤防上共投入了 45 座埽工。宋神宗元丰四年（1081 年），主管水利工程的李立之建议，沿黄河下游北流河道堤岸两边设置 59 个埽工。北宋时期的埽工均以所在地命名，并设专人管理，所需经费按年拨付。由此可见，北宋时期对埽工的管理已经实现了制度化、规范化。

埽工一般用于黄河的“险工段”，即容易决口的水段。埽工在护堤、堵塞决口中一直发挥着重要的作用。埽工最早的形制是“卷埽”。北宋的卷埽技术一直流传到现代。目前，宁夏河套地区的草埽工做法与《宋史・河渠志》中所载的做法基本相同。至清代乾隆年间，埽工由卷埽改为厢埽（见图 7–15）。[①]

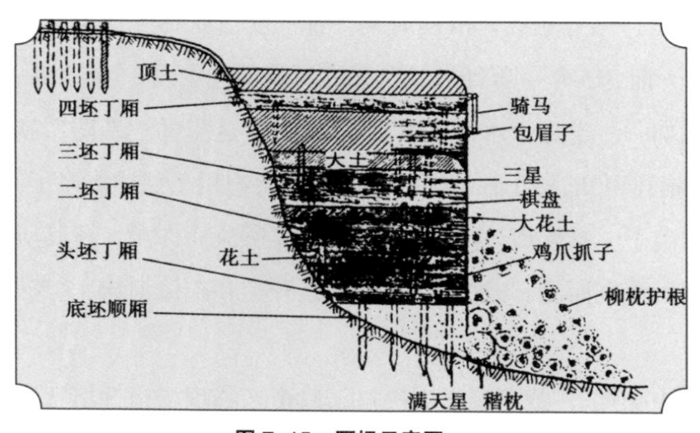

图 7–15　厢埽示意图

制作卷埽需要宽阔的施工平台，卷制直径 1 米的埽需要宽达 7 米的埽台方能卷得结实。厢埽则不需要大的空间，其将制作过程改在堤面与捆厢船之间进行。施工时，把捆厢船横在坝

① 参见周魁一：《中国科学技术史・水利卷》，第 331 ～ 336 页。

头，在船和堤坝之间用绳索挂缆，在缆上铺施秸秆和土，再用绳子和固定桩将之捆扎成整体，称为“一坯”。如此，一坯一坯地逐层将埽压向河底。这项技术要比卷埽省时省力。

埽工技术是我国古代治河工程中的一大特色发明，具有显著的优点。埽工能够在水下施工，可用来建构大型的险工和堵口截留；由于其材质多为草、秸秆等植物杆茎，因此具有良好的柔韧性，能够适应水下复杂的地形；等等。不过，埽工也存在着易腐烂（材料多为草、秸秆）等缺点，需要经常修理更换，因此维护成本较高。然而，在古代生产力落后、石料加工缺乏大型机械以及缺乏近代水下胶结材料的情况下，埽工的优越性是无与伦比的。中国直到近代引进混凝土材料之后，埽工才逐渐被砌石坝工所取代。

第八章 科技文化的交流与互动

在在近代西方自然科学诞生以前，中国的传统科技文化一直在世界上遥遥领先。通过陆上丝绸之路和海上丝绸之路这两条交往渠道，中国的传统科技文化和丝绸、瓷器等大宗物品源源不断地传播到了世界各地。中国的天文学、数学、医学、地理学等科技文化不仅传播到了朝鲜、日本、东南亚诸国，而且还通过中亚传播到了西亚的波斯、阿拉伯等国家和地区，欧洲人又从阿拉伯等地获得了中国的传统科技文化知识。造纸术、指南针、印刷术以及火药的传播不仅影响了中亚、阿拉伯地区，更重要的是，还直接推动了西方近代文明的诞生。在对外交往的过程中，中国不仅对外输出传统科技文化，而且还吸收了当时世界上其他国家先进的科技文化，如从阿拉伯地区吸收了先进的天文学和数学知识，又从印度吸收了佛教、医学以及熬制砂糖等技术。由此可见，中国的传统科技文化并不是故步自封的，在历史的大部分时期，中国的传统科技文化都是开放的，这种开放不仅表现为对外的传播，也表现为对外来先进科技文化成果的吸收。

随着中国传统社会的没落，中国的传统科技文化也走向了式微。16 世纪中叶以后，随着西方近代自然科学技术的诞生以及欧洲对外殖民扩张的开始，来自西方的传教士开始将近代自然科学技术传入中国。明末清初，西学东渐在一定程度上影响了中国的传统科技文化，但由于中国传统社会的没落，这种趋势并未演变为中国人主动、大规模地学习西方科技文化的潮流，中国的传统科技文化在世界上逐渐落后了。直到鸦片战争之后，中国才掀起了大规模学习西方科学文化的热潮。

一、中国传统科技文化的对外传播

先秦时期，中外可能已经存在零星的、时断时续的科技文化交流了。据 1980 年 3 月出版的美国《国家地理》杂志报道，考古学家在德国西南部斯图加

特的霍克杜夫村发掘出了一座公元前 500 年前后（相当于中国的春秋时期）的古墓，发现墓中人体骨骼上有中国丝绸的残片。在对阿富汗首都喀布尔以北约 60 公里处的公元前 4 世纪后半期（相当于中国的战国时期）亚历山大城遗址的考古发掘中，也发现了大量丝绸。这些考古发现证明了中外科技文化的交流起源甚早的结论。

中外大规模的科技文化交流始自汉代。汉武帝派遣张骞出使西域，这是中国同西域、中亚第一次进行大规模的官方交往活动。自此之后，中国通过中亚、西亚等中转地，与欧洲、南亚及北非国家建立了科技文化交流的通道，这就是举世闻名的“丝绸之路”（见图 8–1）。在海上，西汉时期，中国同朝鲜半岛、日本诸岛建立了直接的联系。后来，又出现了更大规模的海上交往活动，这些海上交往活动启自广东徐闻（今广东湛江徐闻）、合浦（今广西北海合浦），经南海诸国，穿马六甲海峡进入印度洋，与印度、西亚以及北非建立了海上联系，这就是历史上著名的“海上丝绸之路”。

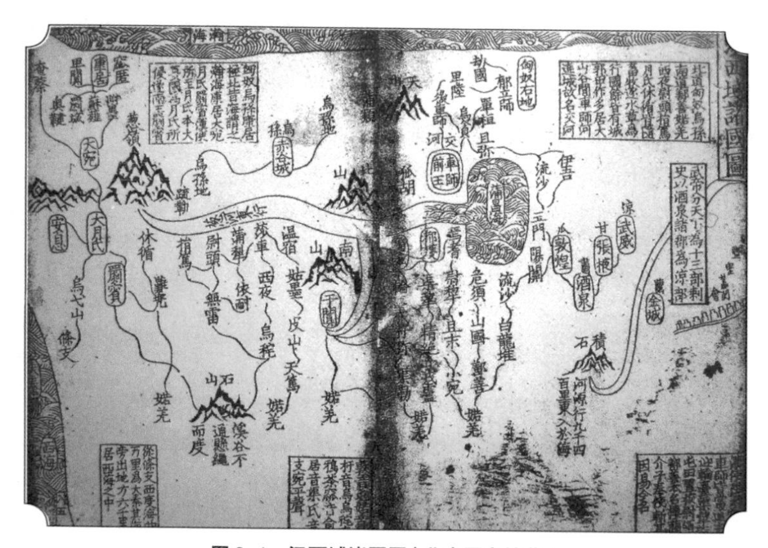

图 8–1　汉西域诸国图（北京图书馆藏）

中外海陆交通的发展大大拓展了古人的视野。通过陆上丝绸之路和海上丝绸之路，中国同外部世界进行了广泛的科技文化交流。中国的丝绸、铁器、漆器以及大黄、肉桂、生姜、土茯苓等药材传播到国外，与之相应的是桑蚕与丝织技术、冶铁技术、漆器制造技术和中医知识的传播。这些物产和科技文化对朝鲜、日本、东南亚以及中亚、西亚、南亚都产生了深远的影响，甚至欧洲和北非都深受其影响，尤其是中国的丝绸和丝织技术对西方的影响最为强烈。与汉代处在同一时代的古罗马帝国的贵族阶层特别钟爱中国的丝绸。凯撒大帝曾穿着用中国的丝绸制成的袍服在剧场露面，衣服惊艳四座，令罗马人羡慕不已。与此同时，国外的物产也传到了中国，如朝鲜的人参，西域的汗血宝马、苜蓿、葡萄，中亚的石榴、核桃、芝麻，东南亚、西亚的香料、珍珠及象牙等，这些物产丰富了中国人的物质和文化生活。同一时期，诞生于南亚的佛教也开始传入中国，并对中国的传统文化产生了深远的影响。①

魏晋南北朝时期，中外交往虽未间断，但分裂和动荡毕竟影响了中外之间的大规模交流。随后，隋唐 300 多年的大一统局面又为中外交流提供了稳定的大环境。隋唐时期，中外海陆交通更加发达，这进一步促进了中外科技文化的交流。中国的炼丹术在这一时期传到了阿拉伯，随后又从阿拉伯传到了西欧。在这一时期，中国的中医药学也传入了朝鲜、日本和越南等地，并对这些地区的传统医学产生了巨大的影响。中医学中的“脉学”也在唐代传入了阿拉伯地区。中世纪，阿拉伯帝国著名的医学家阿维森纳所著的《医典》中就吸收了包括脉学在内的大量中医知识。中国的数学在隋唐时期也传入了印度、朝鲜和日本等地区。中国的地理学知识也是在这一时期传入日本的。如《新修本草》中记载的矿物和地质知识在 8 世纪传入日本，成为日本当时权威的教科书。

隋唐时期，国外的物产和技术也大量传入了中国。印度的“大数记法”和

① 参见杜石然主编：《中国科学技术史·通史卷》，第 308 ～ 313 页。

天文历法知识通过佛经和佛教传入了中国，如《通志·艺文略》中就有“竺国天文”六种，即《婆罗门天文经》《婆罗门竭伽仙人天文说》《婆罗门天文》，高僧不空翻译的《宿曜经》《西门俱摩罗秘术占》以及僧一行翻译的《大定露胆诀》。唐代甚至还在中央政府设立的天文机构中聘请了印度天文学家担任天文官。[①]宋元时期，随着中国经济社会的发展，中外科技文化的交流也达到了鼎盛时期。宋代，陆上丝绸之路为北方少数民族割据政权所阻断，故宋朝政府特别重视对海上丝绸之路的经营。从北宋开始，朝廷专门设立了管理海外贸易的“市舶司”。南宋时期，与中国发生贸易往来的国家和地区有 50 多个，中国海船前往通商贸易的国家和地区也有 20 多个。当时中国的泉州、扬州以及广州都是著名的对外贸易港口。元朝建立了一个空前的大一统帝国，中外科技文化交流的盛况空前绝后。

宋元王朝的开放胸襟和对中外贸易的积极态度为中外文化交流提供了条件。宋元时期，除了指南针、火药和印刷术，中国的数学知识也传入了阿拉伯乃至欧洲地区。15 世纪，阿拉伯学者阿尔·卡西在其所著的《算数之钥》中记述了中国数学中的四则运算、开平方、开立方以及“契丹算法”等内容。同时，阿拉伯数字也在同一时期传入了中国。在天文学领域，元代的回族学者扎马鲁丁从阿拉伯地区带回来一批阿拉伯天文仪器。元代还专门建立了“上都司天台”，并编制了“回回天文书”，供穆斯林民族使用。中国的医药学也在宋元时期传入了阿拉伯地区和欧洲，宋代从中国输往欧洲的中药达 60 多种，元代中国的针灸疗法传入了阿拉伯地区。宋元时期，中国传入西方的大宗货物仍然是瓷器和丝绸，中国的制瓷技术也因此传播到了西方。同一时期，中国的印刷术、印刷的儒家和佛教经典以及制瓷技术还传播到了朝鲜和日本，并对朝鲜和日本的经济文化发展产生了深远的影响。[②]

---

① 参见杜石然主编：《中国科学技术史·通史卷》，第 484 ～ 494 页。

② 参见杜石然主编：《中国科学技术史·通史卷》，第 683 ～ 691 页。

到了明代，中国虽然没有像欧洲那样伴随着资本主义的兴起而产生近代科学革命，但在16世纪之前，中国在一些科学技术领域里仍然维持着世界领先地位。明成祖至明宣宗时期（15世纪上半叶）郑和七次下西洋，这表明我国当时的船舶制造、航海技术等在世界上是遥遥领先的。但是，从总体上看，这一时期中国的传统科技文化已经开始落后于西方，中国传统科技文化大规模对外传播的局面基本结束，以近代科学技术为主要内容的西方科技文化开始传入中国。

二、中国古代"四大发明"的对外传播

造纸术　在造纸术没有发明以前，中国古代的书写材料主要是龟甲、兽骨、竹木简牍以及缣帛等。直到秦汉时期，简牍、缣帛仍然是中国古人主要的书写材料。但是，简牍笨重不便，缣帛昂贵稀少，随着经济文化的发展，这些书写材料越来越难以满足文化传播的需要。于是，具有轻便、廉价等特点的纸张和造纸术便应运而生。

目前考古发掘出土的纸张中，年代最早的乃是1986年在甘肃天水放马滩出土的汉代文景时期（前179～前141年）的麻纸碎片。放马滩出土的麻纸碎片呈黄褐色，纸质薄软，纸面平整光滑，残纸长5.6厘米，宽2.6厘米，上面绘有地图残痕。在甘肃、陕西、新疆地区出土的一些早期纸张大多是麻纸，其年代大多是汉宣帝以后。由此可知，在西汉中后期，麻纸已经在当时的书写材料中占有了一席之地，但简牍仍然是当时主要的书写材料。

较之简牍和缣帛，麻纸虽有轻便、便宜的特点，但在西汉时期，由于材料的限制以及造纸技术的原始，麻纸并未取代简帛而成为主要的书写材料。随着生产力的发展，造纸术也在不断得到改进。2世纪初的东汉和帝时期，宦官蔡伦（见图8–2）在总结西汉以来造纸经验的基础上改进了造纸术。在造纸原料上，蔡伦变废为宝，将麻头、破布（当时人们所用的布主要是麻布）、废渔网（用麻线编

图 8–2　蔡伦像

织而成）等废弃材料中的麻料作为原料。除此之外，他还开创性地运用了树皮作为造纸的新材料，这不仅拓宽了造纸原料的来源，同时还降低了原料的成本。更重要的是，新原料树皮中所含的木素、果胶、蛋白质等成分远远多于麻类作物，这使得改进后的造纸术生产出来的纸张的质量比麻纸更加优良。蔡伦还改进了造纸生产工艺，他使用石灰水对原材料进行浸沤与蒸煮，加快了麻纤维的降解速率，还使得麻纤维分解得更细更散，从而提高了生产效率和纸张的质量。用蔡伦的方法所造的纸张物美价廉，因此迅速得到了普及，蔡伦也因此被汉和帝封为“龙亭侯”，时人将用他的方法所造的纸称为“蔡侯纸”。蔡伦改进造纸术后，纸张开始取代简帛而成为主要的书写材料。造纸术的发明与改进大大加速了中国传统文化的积淀、传播与发展，同时也为世界文明的发展做出了巨大的贡献。

隋唐时期，中国的造纸术通过朝鲜传到了日本，同时也传入了印度及阿拉伯地区。后来，欧洲人又从阿拉伯人那里学会了造纸术。①

印刷术　印刷术在唐代传到了波斯（今伊朗）。波斯人在学会了中国的印刷术之后便开始印制纸币。后来，阿拉伯人又从波斯人那里学会了印刷术，并西传到了埃及和欧洲。到 14 世纪末，欧洲出现了雕版印刷术，大量的圣经、圣像、纸牌以及拉丁文文法课本等都被用雕版印刷术印刷了出来。1456 年，德国人古登堡开始用活字印刷术印刷《圣经》，这比北宋毕昇发明的活字印刷术晚了 400 多年。印刷术的西传加速了希腊古典文化的传播，促进了文艺复兴和近代科学文化的诞生。由此可见，中国的印刷术对西欧宗教改革运动的推动和对欧洲近

① 参见杜石然主编：《中国科学技术史 · 通史卷》，第 271 ～ 273 页。

代文明的推进都产生了深远的影响。

指南针 在宋代，阿拉伯人通过海上丝绸之路与中国建立了频繁的科技文化交流，北宋时期中国人改进的指南针很快也为阿拉伯人所熟悉。阿拉伯人所用的罗盘称作“针圜”或“针房”（见图 8–3），即沿用了中国的称呼。[①]阿拉伯矿物学家贝伊拉克·卡巴扎吉于 1282 年撰写的《商人辨识珍宝手鉴》一书曾详细记载了阿拉伯水手在航海中使用“水浮法”操作指南针辨别方向的事，甚至还记载了指南鱼。据该书记载，阿拉伯人运用的指南鱼与《武经总要》《事林广记》中记载的指南鱼极其相似。阿拉伯人在掌握了指南针技术之后，不久又将这项技术传到了欧洲。据李约瑟先生考证，在欧洲，最早将指南针应用于航海的是英国人亚历山大·尼科姆（1157 ～ 1217 年）。阿拉伯人对指南针的应用早于欧洲人，但相关文字记述却晚于欧洲人。指南针传入欧洲之后，给当时正在欧洲兴起的航海事业提供了技术支持，大大促进了欧洲航海事业的发展，对后来新航路的开辟和欧洲人的对外殖民掠夺都具有深刻的意义，发挥了巨大的作用。

图 8–3 清代远洋航船上的针房（清·徐葆光《中山传信录》插图）

火药 早在唐代，制造火药的基本原料——硝就已经传播到了波斯和阿拉伯地区。阿拉伯人称硝为“中国雪”，波斯人则称硝为“中国盐”。13 世纪初，

① 按：在宋代，指南针已是航海时的主要仪器，人们在船舶上专门设置了放置指南针的地方，称“针房”；由指南针所确定的航海路线称为“针路”。

随着蒙古人西征中亚、西亚，中国人发明的火药在战争中也传入了阿拉伯地区。蒙古人的西征还将火箭、毒火罐及震天雷等火药武器带到了阿拉伯。西欧人在与阿拉伯人的战争中学会了制造火药和火器。到 14 世纪时，西欧国家已经有了关于火药与火器的记载。恩格斯曾经说过："火药是从中国经过印度传给阿拉伯人，又由阿拉伯联合酋长国人和火药武器一道经过西班牙传入欧洲，为欧洲新兴的资产阶级摧毁封建贵族的城堡提供了强有力的武器，成为资产阶级革命取得胜利的重要前提之一。"①

中国的"四大发明"已经成为中国传统科技文化的象征符号，它们的对外传播与发展是中华民族对世界文明的巨大贡献。②

三、近代自然科学的传入

图 8-4　利玛窦像

西方近代自然科学诞生后，新航路的开辟为西方近代自然科学的对外传播提供了条件。特别是 16 世纪的欧洲宗教改革，拉开了西方传教士大规模对外传播天主教的序幕。16 ~ 18 世纪，罗马教皇派遣了大量的传教士来华传播宗教。在传教的过程中，一些西方传教士采用了用西方近代科学技术吸引中国人入教的做法，这在客观上为中国传统社会引入了先进的自然科学知识和技术，并为中国的传统科技文化注入了新的力量。

最早来华的西方传教士是意大利人利玛窦

① 《马克思恩格斯全集》第 7 卷，人民出版社 1958 年版，第 386 页。
② 参见杜石然主编：《中国科学技术史・通史卷》，第 508 ~ 548 页。

（1552 ～ 1610 年，见图 8–4）。在天文学方面，利玛窦向中国人介绍了有关日月食的原理、七曜与地球体积的比较、西方所测知的恒星以及天文仪器的制造等，并著有《浑盖通宪图说》《经天该》和《乾坤体义》等多部天文学著作（中国人李之藻为之笔述），被称为“西学东渐第一人”。后来，意大利人熊三拔（1575 ～ 1620 年）于 1606 年来华，他著有《简平仪说》和《表度说》两书，书中详细说明了“简平仪法”。熊三拔还根据天文学原理提出了立表测日影以定时的简捷方法。明崇祯年间，徐光启利用西方天文学知识准确地预测了一次日食的发生。后来，崇祯皇帝命令徐光启主持修改历法，徐光启聘请意大利人龙华民（1559 ～ 1654 年）等传教士参与编译天文学书籍，其工作成果体现在《崇祯历书》（见图 8–5）一书中。

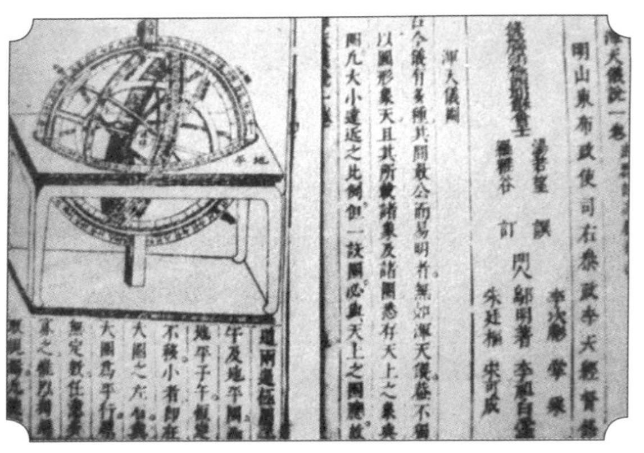
渾天儀說一卷
明山東布政使司右參政奉天
湯若望 譔
羅雅谷 訂
渾天儀圖
古今儀有多種其關數公而易明者無如渾天儀蓋不獨
以圓形象天且其所載諸象及諸圈悉存天上之
圈凡大小遠近之比例但一設圈必與天上之圈應故

图 8–5　《崇祯历书》书影

清初，德国人汤若望（1591 ～ 1666 年）被康熙皇帝任命为清朝钦天监的官员。汤若望著有《新法表异》一书，该书详细介绍了西方新历法的优点。汤若望还重新制作了已经损坏的清朝天文仪器，如天球仪（浑象）（见图 8–6）、地平日晷及望远镜等。康熙皇帝又命比利时人南怀仁（1623 ～ 1688 年）革新了六种仪器——黄道经纬仪、赤道经纬仪、纪限仪、象限仪、天体仪和地平经仪，并写成《灵台仪象志》一书，绘图说明了这些仪器的制作方法。乾隆时期，德国传教士戴进贤（1680 ～ 1746 年）在钦天监任职，他向中国传入了 17 世纪德国天文学家开普勒发现的“行星运转轨道为椭圆”的说法以及牛顿计算地球与日、月距离的方法。

图 8–6　天球仪

随着传教士的来华，西方的近代数学也开始传入中国。由利玛窦口译、徐光启笔录的《几何原本》(见图 8–7) 是西方传教士来华后翻译的第一部科学著作。该书尽管未译完，但仍对中国的数学界产生了一定的影响。利玛窦还同李之藻合译了《同文算指》一书，对我国的数学也产生了较大的影响。

世界地图是利玛窦传入中国的。利玛窦的世界五大洲地图后来被明政府确认整合，加以汉文注释，于 1602 年刊行，此即《坤舆万国全图》。利玛窦把西方的经纬度制图法、五大洲、地球说和五带的划分等地理知识传到了中国，在当时的士大夫阶层中引起了很大的震动。到清代，南怀仁主持绘制的《坤舆全图》又增加了大洋洲。

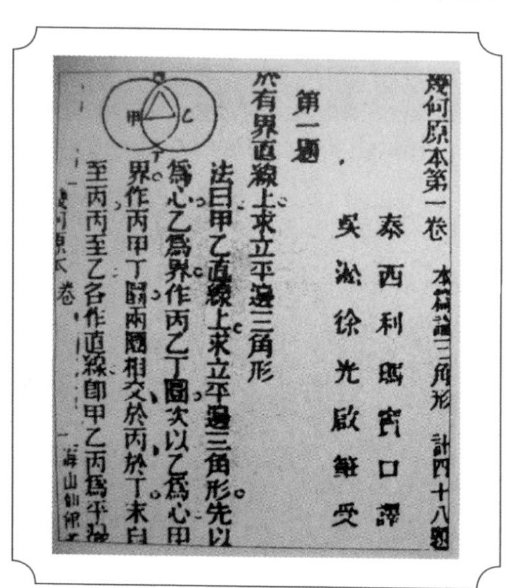

幾何原本第一卷　本篇論三角形　計四十八題

泰西利瑪竇口譯

吳淞徐光啟筆受

第一題

於有界直線上求立平邊三角形

法曰甲乙直線上求立平邊三角形。先以

爲心乙爲界作丙乙丁圜次以乙爲心甲

界作丙甲丁圜兩圜相交於丙於丁末自

至丙丙至乙各作直線即甲乙丙爲平邊

幾何原本　卷　海山仙館

图 8–7　利玛窦、徐光启合译《几何原本》书影

西方光学知识的传入主要是从汤若望的《远镜说》一书开始的。该书详细介绍了望远镜的用法、制作方法和原理。

由瑞士人邓玉函口授、王徵笔译的《远西奇器图说》介绍了重心、杠杆、滑车、轮轴、斜面等物理学原理以及应用这些原理的起重、提重设备。熊三拔和徐光启合译的《泰西水法》一书主要介绍了取水、蓄水的方法和器具。

西方先进的火器制作技术也随着传教士的来华而传入中国。明末清初，汤若望和南怀仁都曾奉命设计铸造过铣炮。明末传教士曾督造过600公斤重的火炮。明崇祯十六年（1643年），由汤若望口授、焦勖笔录完成了《火攻揭要》一书，书中记载了各式火器的铸造法、运用法、安置法，以及弹丸和地雷的制造方法。[①]

明清时期的西方传教士向中国传播了西方近代先进的科学技术，丰富了中国的传统科技文化知识。但是，这股“西学东渐”的潮流远没能改变当时中国传统科技文化落后的面貌。直到鸦片战争之后，中国人才掀起了大规模主动学习西方先进科技文化知识的热潮。

① 参见杜石然主编：《中国科学技术史·通史卷》，第783～794页。

主要参考书目

1.［英］李约瑟著 :《中国科学技术史》第 3 卷《数学》,《中国科学技术史》翻译小组译，科学出版社 1978 年版。

2.［英］李约瑟著，王铃协助，肯尼思・格德伍德・鲁宾逊特别协助 :《中国科学技术史》第 4 卷《物理学及相关技术》，陆学善等译，科学出版社、上海古籍出版社 2003 年版。

3. 白尚恕注释 :《〈九章算术〉注释》，科学出版社 1983 年版。

4. 陈美东 :《中国科学技术史・天文学卷》，科学出版社 2003 年版。

5. 陈晓中、张淑莉 :《中国古代天文机构与天文教育》，中国科学技术出版 2008 年版。

6. 戴念祖主编 :《中国科学技术史・物理卷》，科学出版社 2001 年版。

7. 戴念祖、张蔚河 :《中国古代物理学》，商务印书馆 1997 年版。

8. 杜石然主编 :《中国科学技术史・通史卷》，科学出版社 2003 年版。

9. 冯家昇 :《火药的发明和西传》，华东出版社 1954 年版。

10. 郭金彬、孔国平 :《中国传统数学思想史》，科学出版社 2007 年版。

11. 郭书春 :《中国传统数学史话》，中国国际广播出版社 2012 年版。

12. 贾静涛 :《中国古代法医学史》，群众出版社 1984 年版。

13. 蒋超 :《中国古代水利工程》，北京出版社 1994 年版。

14. 李经纬、程之范主编 :《中国医学百科全书・医学史》，上海科学技术出版社 1987 年版。

15. 李培业、[日]铃木久男主编:《世界珠算通典》,陕西人民出版社 1996 年版。

16. 卢嘉锡、席泽宗主编 :《彩色插图中国科学技术史》，中国科学技术出版社、祥云（美国）出版公司 1997 年版。

17. 廖育群等著 :《中国科学技术史・医学卷》，科学出版社 1998 年版。

18. 路甬祥主编 :《走进殿堂的中国古代科技史》(上、中、下)，上海交通大学出版社 2009 年版。

19. 彭浩 :《张家山汉简〈算数书〉注释》，科学出版社 2001 年版。

20. 钱宝琮主编 :《中国数学史》，科学出版社 1964 年版。

21. 王渝生 :《中国算学史》，上海人民出版社 2006 年版。

22. 萧灿 :《岳麓书院藏秦简〈数〉研究》，中国社会科学出版社 2015 年版。

23. 宣焕灿编 :《天文学史》，高等教育出版社 1992 年版。

24. 姚汉源 :《中国水利史纲要》，水利电力出版社 1987 年版。

25. 于希贤 :《中国古代地理学史略》，河北科学技术出版社 1990 年版。

26. 俞慎初 :《中国医学简史》，福建科学技术出版社 1983 年版。

27. 袁小明编著 :《数学史话》，山东教育出版社 1985 年版。

28. 翟忠义编著:《中国古代地理学家及旅行家》，山东人民出版社 1992 年版。

29. 赵匡华 :《中国古代化学》，山东教育出版社 1991 年版。

30. 赵匡华、周嘉华 :《中国科学技术史・化学卷》，科学出版社 1998 年版。

31. 赵荣 :《中国古代地理学》，商务印书馆 1997 年版。

32. 郑肇经 :《中国水利史》，上海书店 1984 年版。

33. 周嘉华、曾敬民、王扬宗 :《中国古代化学史略》，河北科学技术出版社 1992 年版。

34. 周魁一 :《中国科学技术史 · 水利卷》，科学出版社 2002 年版。

后　记

2015 年的金秋时节，受山东大学马新教授的邀约，我们十分荣幸地参加了《中国文化四季》丛书之《格物致知——中国传统科技》一书的编写工作。这套丛书对习近平总书记提出的针对中国传统文化“四个讲清楚”这一要求的体现，以及主编和同仁们对中国传统文化的责任感和使命感深深打动了我们。此外，这套丛书的选题策划、编写结构、体例版式及装帧设计都独具特色，在目前市场上琳琅满目的同类图书中罕有可与之匹敌者，这一点也深深地吸引了我们。

中华人民共和国成立以来，有关中国古代科学技术史的研究论著可谓汗牛充栋，但适合青少年的读本却少之又少。本书以广大青少年读者为对象，在吸收前人研究成果的基础上，对中国古代的科技文化成就进行了提纲挈领式的概括和总结，旨在让读者既能够选择性地了解中国传统科技文化的有关知识，又可以全面地把握中国传统科技文化的基本内容。

本书由王玉喜与韩仲秋二人合著而成。其中概论、第五章、第六章、第七章、第八章和后记由青岛理工大学的王玉喜博士编写，王玉喜博士还承担了全书的统编和修改工作；第一章、第二章、第三章和第四章由齐鲁工业大学的韩仲秋博士编写。由于编者的学识有限，缺陷和错讹在所难免，在此诚挚地希望读者多多批评指正，并提出宝贵意见。

编　者

2016 年 11 月

图书在版编目（CIP）数据

格物致知：中国传统科技 / 王玉喜，韩仲秋著．
—济南：山东大学出版社，2017.10（2020.7 重印）
（中国文化四季 / 马新主编）
ISBN 978-7-5607-5727-8

Ⅰ．①格… Ⅱ．①王… ②韩… Ⅲ．①自然
科学史－中国－古代 Ⅳ．① N092

中国版本图书馆 CIP 数据核字（2017）第 197098 号

责任编辑：李昭辉
装帧设计：牛　钧

出版发行　山东大学出版社
社　　址　山东省济南市山大南路 20 号
邮政编码　250100
发行热线　（0531）88363008
经　　销　新华书店
印　　刷　山东华鑫天成印刷有限公司
规　　格　787 毫米 ×1092 毫米　1/16
　　　　　15.25 印张　215 千字
版　　次　2017 年 10 月第 1 版
印　　次　2020 年 7 月第 2 次印刷
定　　价　38.00 元